Feuer · Farben und Fontänen

Ernst Waldemar Bauer

Feuer · Farben und Fontänen

Bilder aus der Welt der Vulkane

THEISS

Inhalt

Ruhelose Erde

Seit Jahrmilliarden ebnen die Kräfte der Abtragung die Oberfläche unseres Planeten ein: Berge und Gebirge zerfallen, ihr Schutt wird weggetragen, Täler und Seen werden aufgefüllt. Erstaunlich genug, daß es immer noch Felsen und Berge, Täler und Seen gibt, daß das Meer nicht längst alles feste Land zerstört und verschlungen hat. Gänzlich vom Wasser umhüllt wäre unser Planet dann, eintönig und öd, eben nicht die Erde.
Stünde der Abtragung nicht der Aufbau entgegen, würde nicht die Energie aus dem Innern der Erde bewirken, daß sich Gebirge auffalten, Vulkane die Erdkruste sprengen und zu Bergen heranwachsen, dann wäre die Erde tatsächlich ein Wasserplanet.
Den unfaßlichen Gewalten, wie sie in einem Vulkanausbruch und im Donnern eines Wasserfalls zum Ausdruck kommen, stehen wir fasziniert gegenüber. Wunderbar erscheint sie uns im Großen, Unfaßlichen, aber auch in der Schönheit des Kleinen. Einmalig sind Naturwunder, aber unerklärlich sind sie nicht; ihre Phänomene fordern zur Deutung heraus.

In zwei Stufen fällt der weiße Fluß, die Hvita, als Gullfoss über die „Fallmacher“, zwei harte, 15 bis 20 Meter mächtige Basaltlagen.

Das Puzzlespiel der Kontinente

WIE IN EINEM PUZZLE lassen sich die Kontinente zu einem „Großkontinent" zusammenfügen; vor allem, wenn man statt der heutigen Küstenlinie die 1000-Meter-Tiefenlinie zugrunde legt und kleinere Verschiebungen der Kontinentalränder Südamerikas berücksichtigt. Daß der Westrand Afrikas und der Ostrand Südamerikas zusammenpassen, haben aufmerksame Betrachter der Erdkarte schon im 16. Jahrhundert bemerkt. Aber auch Australien und die Antarktis lassen sich zusammenfügen; beide zusammen ergeben mit dem Ostrand Afrikas und mit Indien ein Ganzes. Die Ostküste Nordamerikas paßt überdies zur Nordwestküste Afrikas.

Daß diese Paßformen der Kontinentalränder Zufall sein sollen, schien dem Geophysiker Alfred Wegener höchst unwahrscheinlich. Im Jahr 1915 legte er in seinem Buch „Die Entstehung der Kontinente und Ozeane" viele Indizien für eine Theorie der Kontinentalverschiebung vor. Ein Großkontinent „Pangäa" zerbrach seiner Ansicht nach in die heutigen Kontinente, die im Laufe der Zeit auseinanderdrifteten. Hier einige seiner Indizien:

GLETSCHERSPUREN. In der Permzeit, vor etwa 280 Millionen Jahren, gab es eine Eiszeit, die ihre Spuren im südlichen Südamerika, in Südafrika, in Indien und in Australien hinterlassen hat. Im Umfeld dieser frühen Vereisung findet man versteinerte Überreste kälteliebender Pflanzen, vor allem Farne, die zusammenfassend als „Glossopteris-Flora" bezeichnet werden. Die Spuren der Vereisung liegen weit verstreut in den gegenwärtig warmen Gebieten der Erde. Dieser Sachverhalt ist am ehesten zu erklären, wenn man annimmt, daß diese Gebiete früher näher beieinander und zudem weiter entfernt vom Äquator lagen.

Zur gleichen Zeit bildeten sich in Nordamerika, Europa und Asien gewaltige Kohlenlager aus den Überresten besonders wärmeliebender Pflanzen in einem Klima, das dem der heutigen Tropen entspricht. Daraus kann man schließen, daß diese Gebiete damals näher am Äquator lagen.

DIAMANTEN findet man sowohl in Südamerika als auch in Afrika. Die Vulkanschlote, Pipes genannt, aus denen diese Diamanten stammen, liegen in Afrika. Auch diese Merkwürdigkeit läßt sich am ehesten erklären, wenn man annimmt, daß die beiden Erdteile früher nicht getrennt waren, und die Flüsse jener Zeit die Diamanten von ihrem Entstehungsort in Afrika weit nach Westen transportierten. Erst später entstand der Atlantische Ozean und unterbrach die Verbindung zwischen den primären Lagerstätten, den diamantführenden Pipes, und den sekundären Lagerstätten, den Ablagerungen der Flüsse im heutigen Südamerika.

WEITERE INDIZIEN. Auf beiden Seiten des Atlantiks finden sich Gebirgszüge, die zusammenpassen, aber auch Erz- und Erdöllagerstätten. Auch Eigentümlichkeiten in der Verbreitung von Pflanzen und Tieren lassen sich besser erklären, wenn man von einem Urkontinent „Pangäa" ausgeht. Nach der Trennung setzte auf den kleineren Kontinenten eine unterschiedliche Entwicklung der Lebewesen ein.

In Australien, das früh von den anderen Kontinenten abgetrennt wurde, konnten sich die Beuteltiere ohne Konkurrenz durch die „höheren" Säugetiere zu großer Artenfülle entwickeln. Auch in Südamerika, das erst verhältnismäßig spät durch die mittelamerikanische Landbrücke mit Nordamerika verbunden wurde, hatten die Beuteltiere und urtümliche Formen der Plazentatiere wie Gürteltiere, Ameisenbären und Faultiere lange Zeit gute Entwicklungschancen.

Die gemeinsamen Vorfahren des Menschen und des Menschenaffen lebten in Afrika. Schon früh trennte sich eine Gruppe reiner Baumbewohner, die Stammform des Orang-Utans, von den anderen Primaten. Daß sie heute weit entfernt von Afrika auf den Inseln Indonesiens vorkommen, läßt sich damit erklären, daß sie damals in einem geschlossenen, tropischen Regenwaldgürtel von Zentralafrika bis nach Südostasien wandern konnten. Seit etwa 15 Millionen Jahren ist dies nicht mehr möglich. Seither sind Afrika und Arabien durch das Rote Meer getrennt.

Der Geophysiker und Grönlandforscher Alfred Wegener (1880– 1930)

Der Aso-San zählt zu den aktiven Vulkanen der japanischen Insel Kyushu (links). Einer von vielen, die zum „pazifischen Feuerkreis" gehören. Der Süden des japanischen Inselbogens liegt im Bereich der Subduktionszone der Philippinischen Platte.

Die Lage der Kontinente während der permzeitlichen Vergletscherung

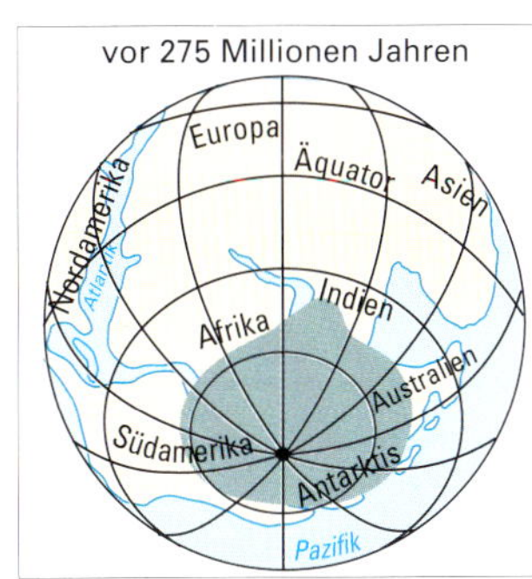

Wegeners Darstellung der Kontinentalverschiebung

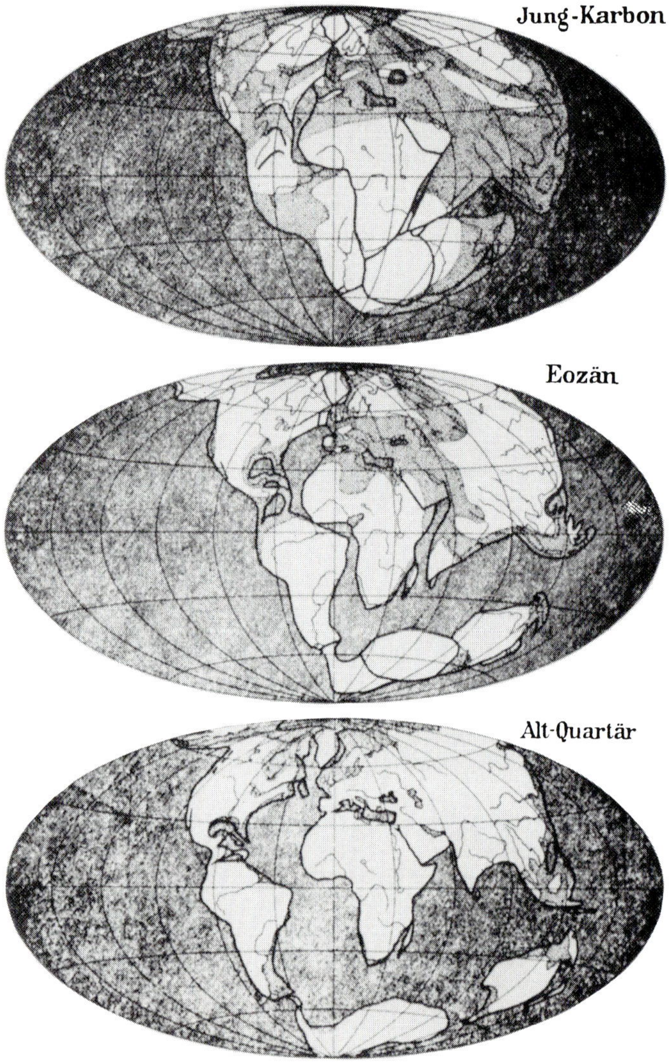

EIN NEUER OZEAN ENTSTEHT. Jahr für Jahr wird diese Dehnungszone zwischen Arabien und Afrika um etwa fünf Zentimeter breiter. Sie gehört zu einem „Riftsystem“, einem Graben- und Spaltensystem, das uns vor Augen führt, wie die Trennung von Kontinenten oder, anders gesehen, die Entstehung eines Ozeans aussieht. Der Angelpunkt der Drehbewegung liegt im Bereich der Golanhöhen zwischen Israel und Syrien. Der tiefe Graben, der den Golf von Akaba, das Tote Meer und das Jordantal einschließt, ist ein Teil dieses Riftsystems, das sich auch dort mehr und mehr öffnet. Erdbeben und vulkanische Ereignisse begleiten die Spaltung eines Kontinents. Es gibt inzwischen genaue Meßwerte, die die Drift der Kontinente zweifelsfrei belegen.

DAS WELT-RIFT-SYSTEM. Bereits seit den fünfziger Jahren befahren Forschungsschiffe, die mit kontinuierlich arbeitendem Echolot ausgerüstet sind, die Meere. Auf diese Weise lassen sich sehr genaue Karten erstellen. Seit der Arbeit des deutschen Forschungsschiffes „Meteor“ in den zwanziger Jahren weiß man, daß der Ozeanboden in der Mitte zwischen Afrika und Südamerika einen gewaltigen, untermeerischen Gebirgszug bildet: den Mittelatlantischen Rücken. Er hat Alpenhöhe und eine Breite von bis zu 1000 Kilometern.
Die Auswertung neuerer Echolotmessungen, wie sie vor allem das amerikanische Forschungsschiff „Atlantis“ lieferte, ergab, daß dieser Mittelatlantische Rücken auf seiner ganzen Längserstreckung einen tiefen Zentralgraben aufweist. Außerdem zeigte es sich, daß sich sowohl dieser Gebirgszug als

Im Bereich der Mittelozeanischen Rücken steigt glutflüssiges Magma in Zerrungsspalten auf. Eine Spalteneruption folgt. Nach einiger Zeit konzentriert sich die Ausbruchstätigkeit auf eine Reihe von Kratern. Es bilden sich Schlackenkegel.

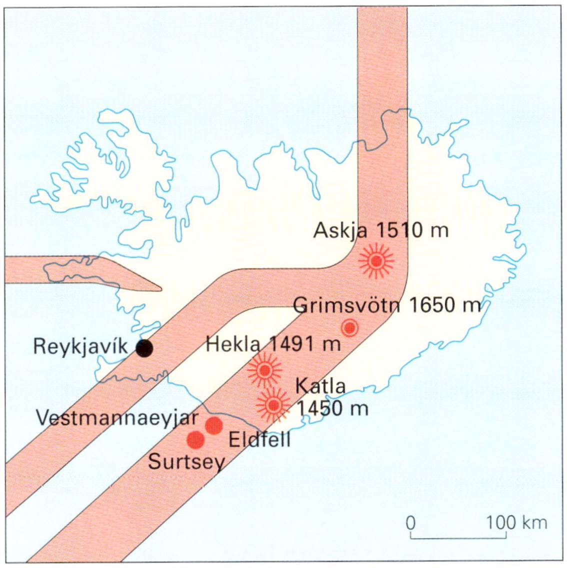

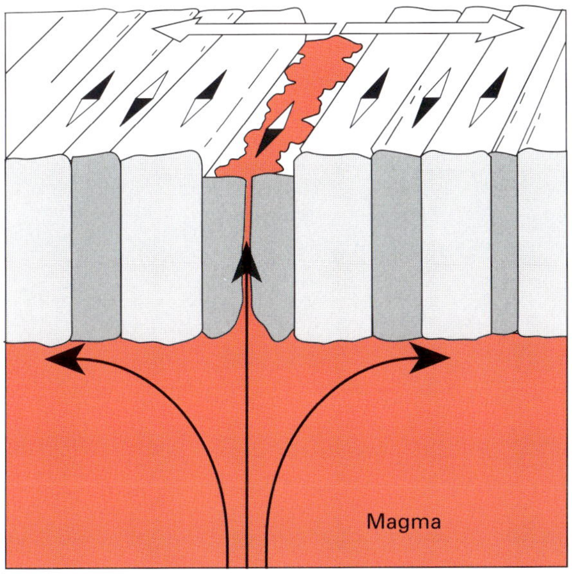

auch sein Zentralgrabensystem in die anderen Ozeane hinein fortsetzen. Zusammen stellen die Mittelozeanischen Rücken das längste Gebirge der Welt dar. Es ist mit allen Verzweigungen nahezu 72 000 km lang und wird als „Welt-Rift-System“ bezeichnet. Seine höchsten Erhebungen überragen den Meeresspiegel als vulkanische Inseln. Im Nordmeer ist es Jan Mayen, nach Süden folgen im Atlantik Island, die Azoren, Ascension, Tristan da Cunha und die Bouvet-Inseln weit im südlichen Atlantik.

ISLAND ist zum einen ein Stück des Mittelatlantischen Rückens, zum anderen liegt ein großer „Magmalieferant“, ein Hot Spot, im Erdmantel unter der Insel. Auf einer Nord-Süd-Erstreckung von rund 360 Kilometer ragt die Insel bis auf 2000 Meter über den Meeresspiegel auf. In ihrer Mitte erstreckt sich eine etwa 40 Kilometer breite aktive Vulkanzone. Vom Flugzeug aus kann man zahlreiche offene Spalten erkennen, die in der Hauptrichtung des Mittelatlantischen Rückens aufgerissen sind. Zwar klaffen die meisten Spalten nur ein bis zwei Meter, da aber auf der Gesamtbreite der isländischen Vulkanzone allein 500 bis 1000 Spalten dieser Größenordnung vorkommen, entsprechen alle zusammengenommen einer Dehnung von zwei bis drei Kilometern. Glutfluß, der aus der Tiefe aufsteigt, erstarrt in diesen Spalten meist ohne besondere Auswirkungen auf die Erdoberfläche. Tritt aber das glutflüssige Magma aus, so kommt es zu den für Island so typischen Spalteneruptionen, wie an der Lakispalte im Süden der Insel oder an der Threngslaborgir im Norden und zuletzt auf der Westmännerinsel Heimaey.

Die Vulkanzone Islands ist ein Stück des Mittelatlantischen Rückens (links oben).

Beim Erkalten der Lava werden die magnetischen Kristalle in Richtung des gerade herrschenden Magnetfeldes fixiert (links unten).

Klaffende Spalten sind auf Island keine Seltenheit.

Während der permzeitlichen Vereisung lagen auch über Südafrika Gletscher. In der Umgebung von Noitgedacht schliff das Eis den Fels spiegelglatt. Buschmänner gravierten die glatten Flächen.

SPIEGELBILDER. Die Temperatur der Erdkruste nimmt in Island von der Mitte aus sowohl nach Westen als auch nach Osten ab. Die ältesten Basalte Islands sind im äußersten Westen und im äußersten Osten zu finden. Sie sind jeweils etwa 16 Millionen Jahre alt. Die jüngsten Basalte liegen in der Mitte, innerhalb der aktiven Vulkanzone selbst. Dieselbe spiegelbildliche Altersverteilung der Gesteine um eine Mittelachse läßt sich auch nördlich und südlich Islands auf dem Meeresboden im Bereich des Mittelatlantischen Rückens nachweisen.

Das amerikanische Tiefseebohrschiff „Glomar Challenger" verfügt über eine Bohreinrichtung, mit der man bis in 5000 Meter Meerestiefe Bohrkerne von 1000 Meter Länge aus dem Meeresboden ziehen kann. Reihen von Bohrungen quer zum Mittelatlantischen Rücken ergaben, daß im mittleren Bereich nahezu ausschließlich Basalt angetroffen wird. Ablagerungen von Schlamm und abgestorbenen Meerestieren sind hier sehr dünn und stammen aus jüngster Zeit. Je weiter außen am Atlantischen Rücken man jedoch bohrt, um so mächtiger werden die Meeresablagerungen. Zwar sind die obersten Ablagerungen auch nicht älter als die im innersten Teil des Rükkens, die untersten Schichten jedoch werden um so älter, je weiter man sich von der Mitte des Rückens nach Westen und Osten entfernt. Daraus ergibt sich, daß die Mitte des Mittelatlantischen Rückens am jüngsten ist.

Dies wird verständlich, wenn man davon ausgeht, daß der Meeresboden so wie die Mitte Islands ständig durch Spaltenbildung und eindringenden Glutfluß verbreitert wird. Die Geologen Dietz und Hess nannten diesen Vorgang „Ocean-Floor-Spreading“, Meeresbodenausdehnung. Die Geschwindigkeit, mit der dies geschieht, liegt in der Größenordnung von 30 bis 50 Zentimetern pro Jahr.

MAGNETE IM BASALT. Das Alter des Basalts läßt sich in Island besonders gut bestimmen. In vielen Lagen sind die Laven der einzelnen Ausbrüche übereinander geschichtet; die jüngsten zuoberst. Mit modernen geophysikalischen Methoden läßt sich das absolute Alter der einzelnen Lavadecken bestimmen. Beim Erkalten bilden sich nämlich in der noch glühenden Lava Kristalle, unter ihnen Magneteisenstein, auch Magnetit genannt. Diese Magnetitkristalle stellen sich während des Erkaltens auf das Magnetfeld der Erde ein. Sobald die Lava erstarrt, wird die Richtung der kleinen Magnetitkristalle fixiert. Doch was hat das mit der Altersbestimmung zu tun?

Daß der magnetische Nordpol der Erde nicht genau mit dem geographischen Nordpol zusammenfällt, ist lange bekannt. Längst weiß man auch, daß sich die Lage des magnetischen Nordpols im Laufe der Zeit ändert, daß der magnetische Pol wandert. Auf die Magnetitkristalle in der abkühlenden Lava bezogen heißt dies, daß sie sich auf die jeweilige Lage des magnetischen Pols einstellen. Da sich aber dessen Lage ändert, besitzen verschieden alte Lavadecken auch unterschiedlich eingeregelten Magnetit.

Als man begann, die Magnetrichtung verschieden alter Lavadecken zu messen, war die Überraschung groß: In Island und auch an anderen Plätzen der Erde stellte man fest, daß die Einregelungsrichtung des Magnetits in verschiedenen Basaltdecken ganz unterschiedlich sein kann. Offenbar lag der magnetische Nordpol nicht immer in der Nähe des geographischen Nordpols, sondern immer wieder über längere Zeit sogar nahe beim geographischen Südpol. Inzwischen steht fest, daß es im Laufe der Erdgeschichte ziemlich häufig zu einer Umpolung des Erdmagnetfelds kam.

Diese Beobachtung gewann große Bedeutung für die Theorie der Kontinentalverschiebung, als man mit hochempfindlichen Meßgeräten auch in der Lage war, die Magnetrichtung der Lavaergüsse im Mittelatlantischen Rücken aufzuzeichnen. Dabei kam man zu einem weiteren überraschenden Ergebnis: Fährt man mit einem Vermessungsschiff von der Mitte des Rückens nach Osten, dann wechseln Streifen

Aus Basalt bestehen die Zyklopeninseln vor der Küste Siziliens.

Bei der Abkühlung zieht sich der Basalt zusammen. Schrumpfungsrisse lassen meist sechskantige Säulen entstehen.

Auch die Felsen der Osterinsel bestehen aus Basalt. Die Gravierungen im dunklen Gestein erinnern an die Kultur der alten Insulaner.

Die Nazca-Platte taucht vom Osten her unter die Südatlantische Platte ab. Die Bildung des Faltengebirges der Anden und die Entstehung von Vulkanen sind die Folge.

Erdbebenherde markieren die Subduktionszone.

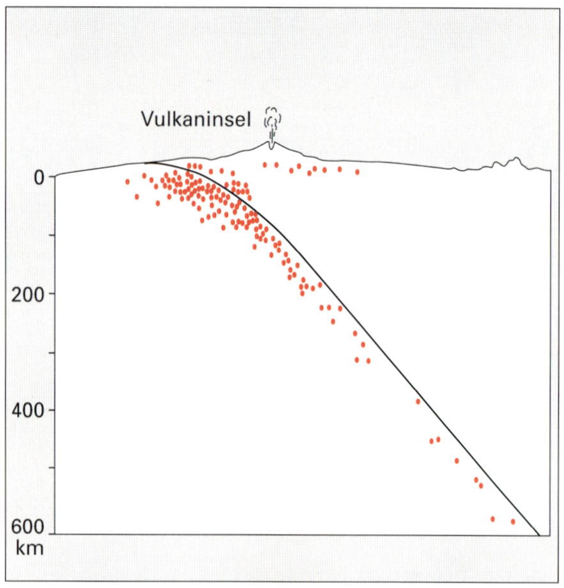

Tiefseegräben und vulkanische Inselbögen entstehen, wo die ozeanische Kruste abtaucht. Sie zieht auch Teile der kontinentalen Kruste in die Tiefe.

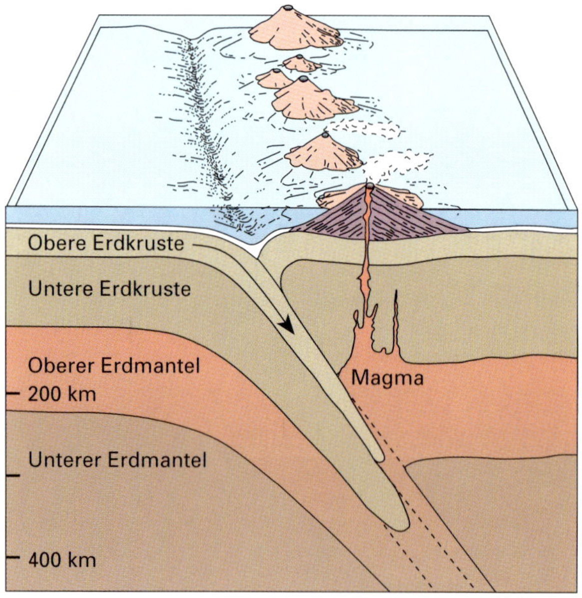

mit „normaler“ Magnetrichtung mit Streifen „umgepolter“ Magnetrichtung ab. Das Aufregendste daran ist aber, daß sich dasselbe Streifenmuster auch ergibt, wenn man von der Mitte des Rückens aus nach Westen fährt, daß es also spiegelbildlich ist. In der Mitte des Rückens sind die Lavaergüsse auf den heutigen Nordpol eingestellt. Dort sind sie auch am jüngsten. In Island findet man diese Magnetrichtung bei allen Lavadecken, die jünger sind als eine Million Jahre. Seither gab es keine Umpolung mehr.

DER MEERESBODEN WÄCHST. Die Lavaergüsse in der Mitte des Mittelatlantischen Rückens und in Island sind gleich alt. Wenn man annimmt, daß die Schwelle in ihrem mittleren Bereich immer wieder aufreißt und daß der Glutfluß aus dem Erdmantel diese Risse immer wieder heilt, werden die älteren Spaltenergüsse voneinander getrennt und nach außen abgedrängt. Das magnetische Streifenmuster des Mittelatlantischen Rückens ist demnach ein Altersmuster. Spiegelbildlich verteilt liegen die ältesten Teile außen und die jüngsten innen. Vor 75 Millionen Jahren war der Atlantische Ozean demnach höchstens halb so breit wie heute.

ERDBEBEN. Seit den fünfziger Jahren stehen sehr leistungsfähige Erdbebenmeßgeräte zur Verfügung. Ursprünglich waren sie vor allem dazu bestimmt, unterirdische Kernwaffenversuche zu registrieren. Sie sind in der Lage, die Herde von Beben weltweit zu messen und in vergleichbarer Weise aufzuzeichnen. Mit Hilfe dieser Geräte kann man sich ein recht genaues Bild von der Verteilung der Erdbebenherde in der Erdkruste und im oberen Erdmantel machen. Zeichnet man alle Beben mit einer Herdtiefe von mehr als 100 Kilometern in eine Karte ein, dann ist deutlich zu erkennen, daß sich diese Beben im Bereich der Mittelozeanischen Rücken, unter den Hochgebirgen, unter dem Westrand Amerikas und im Bereich der Tiefseegräben häufen. Schwer betroffen sind auch die girlandenförmigen Inselbögen von Alaska über die Aleuten, die Kurilen, Japan, die Riu-Kiu-Inseln, die Philippinen, die Marianen und Karolinen, ferner von Indonesien über die Fiji-Inseln bis nach Neuseeland.
Zeichnet man die Tiefe der Erdbebenherde auf, dann zeigt sich, daß sie zum Beispiel an der südamerikanischen Ostküste vom Ozean zum Festland hin tiefer und tiefer liegen. Rund 100 Kilometer landeinwärts erreichen sie bis zu 700 Kilometer Tiefe.

SUBDUKTION. Aufgrund dieser Beobachtung kam man einem Vorgang auf die Spur, der verständlich macht, warum sich im Bereich der Mittelozeanischen Rücken neuer Ozeanboden bilden kann, ohne daß sich die Erdoberfläche vergrößert.

Wieder lassen sich diese Zusammenhänge gut am Beispiel von Südamerika zeigen: Aus der Tiefe des Erdmantels steigt unter dem Ostpazifischen Rücken stetig heißer Glutfluß mit einer Geschwindigkeit von einigen Zentimetern pro Jahr auf. Unter der starren und kühleren Erdkruste biegt diese Mantelströmung ungefähr zu gleichen Teilen nach Osten und nach Westen um. Dabei schleppt sie die, gemessen am Erddurchmesser, hauchdünne ozeanische Erdkruste mit einer Geschwindigkeit von einigen Zentimetern pro Jahr nach Osten mit. Unter dieser Zugbeanspruchung reißen im Ostpazifischen Rücken die bekannten parallelen Spalten auf, aus denen am Meeresgrund dünnflüssiger Basalt austritt.

Mit zunehmender Entfernung vom Ostpazifischen Rücken wird die ozeanische Erdkruste abgekühlt und damit dicker und schwerer. Schließlich taucht die etwa fünf bis zehn Kilometer mächtige Kruste – bestehend aus Basalt und Meeressedimenten – zusammen mit einer etwa 100 Kilometer mächtigen Zone des oberen Erdmantels unter dem südamerikanischen Kontinent in den tieferen Erdmantel ab. Diese Abtauchzone, die „Subduktionszone", ist als Tiefseegraben nachweisbar. Der südamerikanische Kontinent wird durch die Dehnungsvorgänge im Mittelatlantischen Rücken zudem mit einer Geschwindigkeit von einigen Zentimetern pro Jahr in Richtung Pazifik geschoben. Auch Teile des östlichen, pazifischen Kontinentalrandes werden mit der abtauchenden ozeanischen Kruste verschluckt. Das Abtauchen von Krustenmaterial verläuft nicht reibungslos. Es kommt zu Brüchen, Stauchungen und Faltungen. Gebirge wie die Anden entstehen so. Viele mitunter schwere Erdbeben begleiten diese Vorgänge. In etwa 700 Kilometer Tiefe unter den Anden schmelzen sowohl der basaltische Ozeanboden als auch die mit in die Tiefe geschleppten Gesteine des Kontinentalrands. Die leichteren Teile der Schmelze steigen in der kontinentalen Kruste als Magma auf, zum Teil bis an die Erdoberfläche.

Vulkane eines gefährlichen, explosiven Typs entstehen, denn ihr Magma ist durch den Anteil kontinentalen, granitischen Materials kieselsäurereich, gasreich und zähflüssig. Ein Beispiel für diesen Vulkantyp ist der Mount St. Helens in Nordamerika.

Wo sich zwei Schollen der Erdkruste ruckweise gegeneinander verschieben, wie an der St. Andreas-Spalte in Kalifornien, können verheerende Erdbeben auftreten. Bilder von den Zerstörungen in Los Angeles am 17./18. Januar 1994.

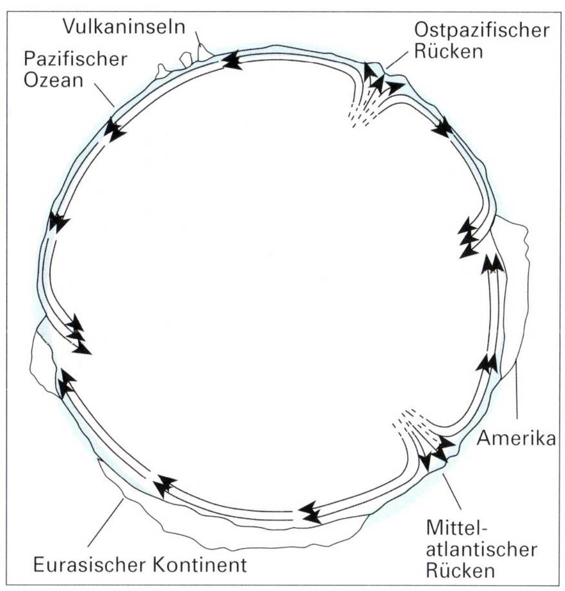

Die Plattenstruktur der Erdkruste im Schnitt

Feuer vor Islands Küste

Mitten in der Stadt Vestmannaeyjar brach am Morgen des 23. Februar 1973 ein neuer Vulkan aus.

FLUG NACH HEIMAEY, 4. März 1973. Schneeböen peitschen über den Flugplatz von Reykjavík. Nach kurzem Anlauf hebt die zweimotorige „Islander" von der vereisten Piste ab, zieht hoch, schüttelt sich wie eine nasse Krähe und geht mit einer Schleife über den farbigen Dächern der Stadt auf Südostkurs.

Schneewolken verhängen den Blick auf das offene Meer. Knapp hundert Meter hoch jagt die Maschine unter der Wolkendecke über das weißgefleckte Lavaland. Tiefe, schwarze Risse durchziehen das dunkle Basaltgestein von Südwest nach Nordost. Erloschene Krater liegen in langen Reihen auf den Spalten.

Der Pilot gibt Gas, klettert mit seiner Maschine in die Wolken, überquert eine Hügelkette und fliegt durch ein breites Tal. Dann folgt er einem Fluß und erreicht die einsame flache, sandige Südküste Islands. Eine Mündung zwar, aber weit und breit kein Hafen. Diese Küste im Vorfeld der großen Gletscher, von zahllosen Schmelzwasseradern zergliedert, ist unwegsam; tödlich für den, der hier strandet.

Die Wolken reißen auf. Eben noch Regen und Schnee und nun blauer Himmel und weiße Schäfchenwolken. Doch am Horizont über dem östlichen Meer steht eine drohende Wolke: Acht bis zehn Kilometer hoch steigt sie auf! Wie ein Baum breitet sie sich aus mit leuchtender Krone, von der Sonne bestrahlt, und einem dunklen Stamm im Schatten. Die Brandung drängt sich um dunkle Klippen. Vor uns liegt die Insel Heimaey, die größte der Westmännerinseln.

HEIMAEYS NEUER FEUERBERG. Hinter hochaufragenden Felsen eine Hafenbucht, eine verlassene Stadt: Vestmannaeyjar-Kaupstadur. 5300 Menschen lebten hier noch vor kurzem. Jetzt liegt hinter den letzten Häusern wie eine riesige Kokshalde ein schwarzer Berg: der neue Vulkan Kirkjufell, der später Eldfell, „Feuerberg", heißen wird. Aus seinem Krater schießen glühende Lavafetzen 100 Meter, 200 Meter hoch! Tellergroße, feurige Fladen, die

Glühende Lava fließt in das Hafenbecken von Vestmannaeyjar.

Der Lavastrom verengt die Zufahrt zum wichtigsten Fischereihafen auf 30 Meter.

Die Stadt liegt unter Lava und Asche. Von Osten her rückt der Lavastrom auf die Häuser zu.

über der aufsteigenden Hitze einen Augenblick wie ein Vogelschwarm zu segeln scheinen, um dann erkaltend auf dem Rand des Schlackenkegels aufzuschlagen. Mit Donnergetöse schießen tonnenschwere Bomben aus dem feurigen Schlund, spuckt der Krater pausenlos ganze Wagenladungen fein zerstäubter Lava in den Himmel.

Die Ostküste von Heimaey ist von blendend weißen Dampfwolken gesäumt, dort fließt die Lava bis ins Meer. Ein Glück, daß der Wind den größten Teil der Asche von der Stadt weg in die offene See treibt.

Die „Islander" setzt zur Landung an. Wie ein Habicht schießt sie auf die schmale Piste hinab, setzt auf, wirbelt eine schwarze Staubfahne hoch, bremst und rollt auf ein kleines, aschebedecktes Holzhaus zu. Diese Hütte ist Funkleitstelle, Wartehalle, Polizeistation und technischer Stützpunkt zugleich. Ein einziger Polizist regelt den Flugverkehr. Die Hilfsflugzeuge, ältere Propellermaschinen der Typen DC-3 und DC-6 und vielseitige Turboprops vom Typ Fokker 27 der Icelandair, landen und starten bis zu 20mal am Tag. Sie bringen Mannschaften und Hilfsgüter nach Heimaey und schaffen geborgenen Hausrat aus der Stadt auf die Mutterinsel.

Unsere Passierscheine werden geprüft. Sie gelten immer nur für einen Tag. Die Unterschrift von Svenn Saemundson, dem PR-Officer der Icelandair, genügt. In Island kennt man sich. Ein Wort gilt. Der Polizist schickt uns zum Flughafenbus. Helfer und Kamerateam werden zum Nulltarif befördert. Wir – Otto Pötsch, Dieter Skolik und ich – werden die Ereignisse auf der Insel über Monate hinweg verfolgen. Mit einer Gruppe amerikanischer Helfer, die vom Stützpunkt Keflavík herübergekommen sind, fahren wir durch eine gespenstische Szenerie: schwarz das Land, kein grüner Halm, kein Tier, nur am Westhang des seit 6000 Jahren erloschenen Vulkanberges Helgafell ein einzelnes, leuchtend rotes Haus mit grünem Dach; im Windschatten blieb es vom Aschenregen verschont. Hinter dem Helgafell schießt glühende Lava in den Himmel. Dicker, schwarzer Vulkanstaub quillt aus dem Krater des neuen Feuerbergs. Eine unheimliche Mischung aus frühlingshaftem Frieden und drohendem Untergang.

Windstöße vertreiben die Sonne. Schnee- und Graupelschauer peitschen die Insel und überziehen die schwarze Asche mit einem weißen Schleier. Doch die Asche ist warm, der Winterspuk dauert nur kurze Zeit. Der Vulkan beherrscht die Szene.

GÄHNENDE LEERE herrscht in der Stadt. Zwar sind die Straßen von Planierraupen einigermaßen freigeschoben, viele Häuser aber stecken bis über das Dach in der Lavaasche. Ein Schornstein überragt die schwarze Wüste, dahinter eine Kinderschaukel und halbverschüttete weiße Grabkreuze. Zimmerpflanzen vertrocknen hinter den Fenstern. An der Schule hält unser Bus. Ihren Eingang hat eine amerikanische Hundertschaft aus Keflavík freigeschaufelt. Eine Hilfsmannschaft arbeitet unten am Hafen, um die Dächer der Fabriken und Lagerhallen zu räumen. In einer Fischfabrik haben die Männer einen Speiseraum eingerichtet. Vor der Tür legen sie Schutzhelme und Staubbrillen ab. Die Stiefel stehen in Reihen am Eingang. Wenigstens dieser Raum soll frei bleiben vom Staub des Vulkans.

MITTEN IN DER NACHT, ganz genau am frühen Morgen des 23. Februar 1973 um 1.55 Uhr, erschütterte ein Erdbeben die Insel. Donnergrollen war zu hören. Ein Hagelschauer? Genauso prasselte es auf die Blechdächer. Doch es gab keinen Hagel in der Winternacht.

Am Ostrand der Insel war eine 1600 Meter lange Spalte aufgerissen! Ein Vulkan, kein Gewitter donnerte, Lavafetzen und nicht Hagelkörner trommelten auf die Dächer! Glutfluß quoll aus der Feuerspalte und ergoß sich in breiten Strömen über den flachen Osthang der Insel ins Meer. Aus 15 bis 20 Kratern schossen feurige Lavagarben 200 bis 300 Meter hoch. Ein schauriges Feuerwerk! Für die Menschen von Vestmannaeyjar sollte es ein Vorspiel vom Untergang ihrer Stadt sein.

Dampf und vulkanische Asche steigen kilometerhoch über der Insel auf.

In rhythmischer Folge schießen brennende Gase, Lavafetzen, Aschewolken und Dampf aus dem Krater.

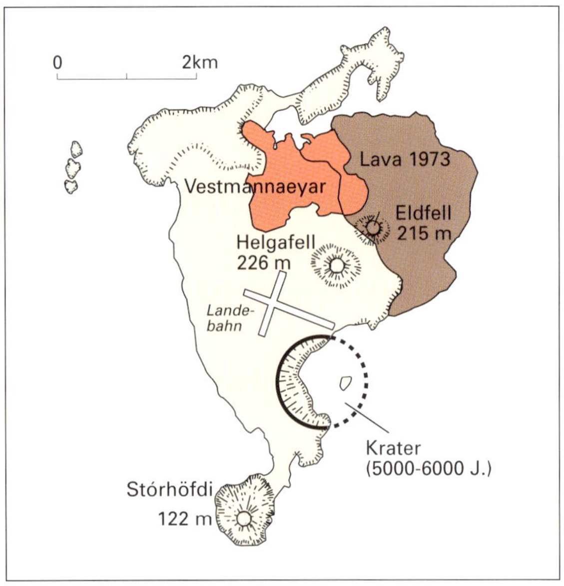

LAVA UND ASCHE. Hart am Ostrand der Stadt verlief die Vulkanspalte. Die 1500 Häuser wurden zunächst verschont, weil ein gnädiger Südwestwind die Asche aufs Meer hinaustrug. Alle Einwohner konnten sich retten; innerhalb weniger Stunden verließen sie nach einem gut funktionierenden Katastrophenplan die Insel auf Fischerbooten und anderen Schiffen, die im Hafen lagen. Selbst das Vieh, die Autos und ein großer Teil des Hausrats konnten geborgen werden.

Als die Lava im südlichen Spaltenabschnitt erstarrte, verstärkte sich die Ausbruchstätigkeit im Norden. Innerhalb einer Woche flossen 40 Millionen Kubikmeter Lava aus. 10 Millionen Kubikmeter Tephra, so nennen die Vulkanologen die Lockermassen, wurden ausgeworfen. Als dann der Wind von Südwest auf Südost drehte, gingen innerhalb von zwei Tagen zwei Millionen Kubikmeter Tephra auf die Stadt nieder. Ein Zehntel aller Häuser verbrannte und wurde völlig verschüttet. Im östlichen Teil lag Anfang Februar die vulkanische Asche bis sechs Meter hoch. Verzweifelt kämpften die Hilfsmannschaften mit Planierraupen, Baggern und Schaufeln dagegen an. Sie räumten Dächer und Straßen, vernagelten Fenster und Türen mit Brettern und Wellblech.

Die größte Gefahr drohte dem einzigen guten Hafen vor der Südküste, dem wichtigsten Fischereistützpunkt Islands. Dort schob sich von Ende Januar an eine Lavazunge in die Einfahrtsbucht und begann, die Fahrrinne zu blockieren. Die Trinkwasserleitung, die vom Festland kommt, um die quellenlose Insel zu versorgen, wurde zuerst durch die Lava zerstört. Später brach auch das Stromkabel. Ein Notstrom-Aggregat übernahm die Energieversorgung und sorgte wenigstens für Licht, denn im Winter sind die Nächte im hohen Norden lang.

Draußen in der Bucht lagen noch ein paar Fischkutter. Sie und die Fischereischutzboote „Odinn" und „Tyr" waren die letzte Zuflucht. Aus dem Lavastrom, der in die Bucht vor dem Hafenbecken vorrückte, brach eine Zunge zur Stadt hin durch. Feuerwehrschläuche wurden ausgerollt, eiskaltes Meerwasser wurde auf die vorrückende Lavafront gespritzt, um sie abzukühlen und zu stoppen. Vergeblich, die Lava durchbrach die Mauer aus abgekühlter Lava und rückte durch die Häuser und Hallen bis zur Fischfabrik am Hafen vor.

Ende März arbeitete der Kirkjufell immer noch mit ungebrochener Kraft. Der Kampf gegen die vulkanischen Gewalten nahm verzweifelte Züge an. Heimaey begann, in Asche und Lava zu ersticken. Damals fragte man sich ernsthaft nach dem Sinn der Aktion „Widerstand gegen einen Vulkan". Am hoffnungsvollsten waren die isländischen Geologen; sie erwarteten keine jahrelange Tätigkeit des neuen Vulkans, obwohl sie wußten, daß Surtsey lange aktiv gewesen war. An den Ausbruch von Surtsey erinnerte man sich noch gut auf Heimaey. Man war damals, im Jahr 1963, Augenzeuge auf scheinbar sicherem Boden.

SURTSEY TAUCHT AUF. Einen Augenblick nur hatten die Männer des Fischerbootes „Isleifur II" die Rauchwolke an der Kimm in der Morgendämmerung des 14. November 1963 für ein brennendes

Schiff gehalten. Aber Schwefelgeruch lag in der Luft. Harte Stöße trafen das Boot. Eine dicke, schwarze Wolke stieg aus dem Meer auf und quoll höher und höher. Für die vulkangewohnten Isländer waren dies eindeutige Zeichen. Vor der Küste tobte wieder einmal der Kampf zwischen Feuer und Wasser.

Nach einer Stunde schon erreichte die bedrohlich wirkende Wolke aus Wasserdampf und vulkanischer Asche eine Höhe von 60 Metern. Blitze zuckten auf, Steine flogen wie Geschosse, und das Wasser erwärmte sich im Umkreis des Eruptionszentrums. Am Nachmittag des Ausbruchstags war die Wolke schon vom 110 Kilometer entfernten Reykjavík aus zu sehen: 6000 Meter hoch stand sie über dem Ausbruchsgebiet. Später erreichte sie sogar eine Höhe von 9000 Metern.

DER NEUE VULKAN. Immer deutlicher zeichneten sich die Konturen eines feuerspeienden Berges ab, der aus dem Meer zu wachsen begann. Nach einem Tag war er zehn Meter hoch, einen Tag später bereits 40 Meter. Im November hatte er eine Länge von 600 Metern und eine Höhe von 60 Metern.

Anfang April 1964 änderte sich die Lage. Im Krater des lockeren Aschekegels bildete sich ein glühender Lavasee von 120 Meter Durchmesser. Schließlich schwappte der Glutfluß über und floß als feuriger Strom zum Meer. Die 1100 Grad heiße Lava erkaltete, wo sie mit dem Meerwasser zusammenkam, und erstarrte. Eine Lavabarriere entstand, die die lockere Asche im Inneren Surtseys vor dem Meer schützte. Als Ende April der Glutfluß verebbte, war die neue Insel 1,4 Quadratkilometer groß.

In langer Reihe liegen die Vulkaninseln südwestlich von Heimaey hintereinander. Am Horizont: Surtsey.

Je näher am Vulkan, desto besser der Ton. Doch giftige Gase und Asche vertreiben selbst den einsatzbereiten Tonmann des Hessischen Rundfunks, der für „Wunder der Erde" die Ereignisse auf Heimaey verfolgt.

Isländische Geologen, unter ihnen besonders Sigurdur Thorarinsson, verfolgten die Entwicklung Surtseys von der ersten Stunde an. Am 19. Februar 1964 landeten sie zum ersten Mal mit zwei Gummibooten am Nordstrand der Insel, um Proben zu sammeln. Zunächst schien alles gut zu gehen, doch wenige Minuten nach der Landung begann der Vulkan zu toben. Er warf Lavabomben und braune Bimssteinwolken aus, die den Männern jede Sicht raubten. Sie überstanden das Trommelfeuer und konnten in einer ruhigen Phase mit ihren Booten zum Forschungsschiff zurückkehren.

DER TÖDLICHE SCHLEIER. Wenn der Wind auf Südwest drehte, erreichte der vulkanische Staub Surtseys das nur 17 Kilometer entfernte Heimaey. Für die Bevölkerung dieser Insel stand schon damals viel auf dem Spiel: Ein tödlicher Aschenschleier senkte sich auf Wiesen und Dächer. Bald fraßen die Weidetiere das Gras nur noch widerwillig. Das Wasser in den Zisternen verdarb. Zum Glück blieb Heimaey von schweren Aschenfällen verschont. Das Unheil brach erst zehn Jahre später über die Insel herein.

KATASTROPHEN. Die Erinnerung an schwere vulkanische Katastrophen ist auf Island lebendig. 1783 war Lava auf der 25 Kilometer langen Lakispalte ausgebrochen. Ganz Island wurde damals von Aschenregen heimgesucht. Die meisten Viehweiden wurden durch die Asche unbrauchbar. 60 000 Rinder und Schafe kamen um. Über 10 000 Men-

schen, ein Drittel der damaligen Bevölkerung, fielen der nachfolgenden Hungersnot und den Seuchen zum Opfer.
Für die Leute von Heimaey gab es bald nach der Katastrophe von 1963 ein weiteres Signal drohenden Unheils: Am 23. Mai 1965 sahen sie erneut eine Dampfwolke in der Nähe von Surtsey aufsteigen. Unter heftigen Explosionen tauchte abermals ein Vulkan aus dem Meer auf: Syrtlingur! Wieder stand eine Eruptionswolke aus Asche und Dampf über der jungen Insel. Schwimmender Bims bedeckte das Meer ringsum. Die Geschichte der ersten Tage von Surtsey wiederholte sich. 70 Meter hoch erhob sich der hufeisenförmige Kraterberg von Syrtlingur über die Wellen. Sein Durchmesser erreichte 650 Meter. Dennoch vermochte er den Herbststürmen nicht standzuhalten. Ihm fehlte der schützende Strandwall. Ein Monat genügte, um die eben geborene Insel mit einem Volumen von über einer Million Kubikmeter vulkanischen Lockermaterials hinwegzufegen.

DAS LEBEN HÄLT EINZUG. Im Mai 1964 begann Sturla Fridriksson mit der biologischen Überwachung der zunächst völlig leblosen Insel Surtsey. Vögel entdeckten den neuen Rastplatz als erste. Auch Fliegen und Schmetterlinge stellten sich ein, Samen von Küstenpflanzen wurden angetrieben. Im Juni 1965 keimte bereits das erste Pflänzchen auf Surtsey: ein Meersenf. Lange konnte es sich nicht halten. Die Asche Syrtlingurs bereitete ihm ein frühes Ende. Nachhaltiger faßten Flechten und Moose Fuß. Sie waren die Pionierpflanzen, die den Boden für das nachfolgende Leben vorbereiteten.
Im Sommer 1965 erklärte die isländische Regierung Surtsey zum Schutzgebiet. Diese Entscheidung ist bewundernswert, wenn man bedenkt, daß Island damit, obwohl es nicht gerade mit irdischen Gütern gesegnet ist, zugunsten von Wissenschaft und Naturschutz auf eine große Fremdenverkehrsattraktion verzichtet hat.
Eine kleine Hütte steht jetzt auf Surtsey. Im Sommer dient sie als Stützpunkt für Wissenschaftler. Gelegentlich umrundet noch ein Touristenschiff die Insel, kreist ein Sportflugzeug über den erloschenen Kratern. Surtsey selbst aber bleibt unberührt.
Im Herbst 1972 verzeichnete man zunehmend Erschütterungen im tieferen Untergrund nahe Surtsey. Mit einem Vulkanausbruch auf dem grünen, reichen Heimaey rechnete man jedoch nicht.

Ende März 1973 sind von 1200 Häusern der Stadt Vestmannaeyjar 380 zerstört.

Die leichtgebauten Häuser halten dem Druck der Lava nicht stand.

Ein Jahr nach der Katastrophe gibt es wieder eine Milchbar auf der Insel.

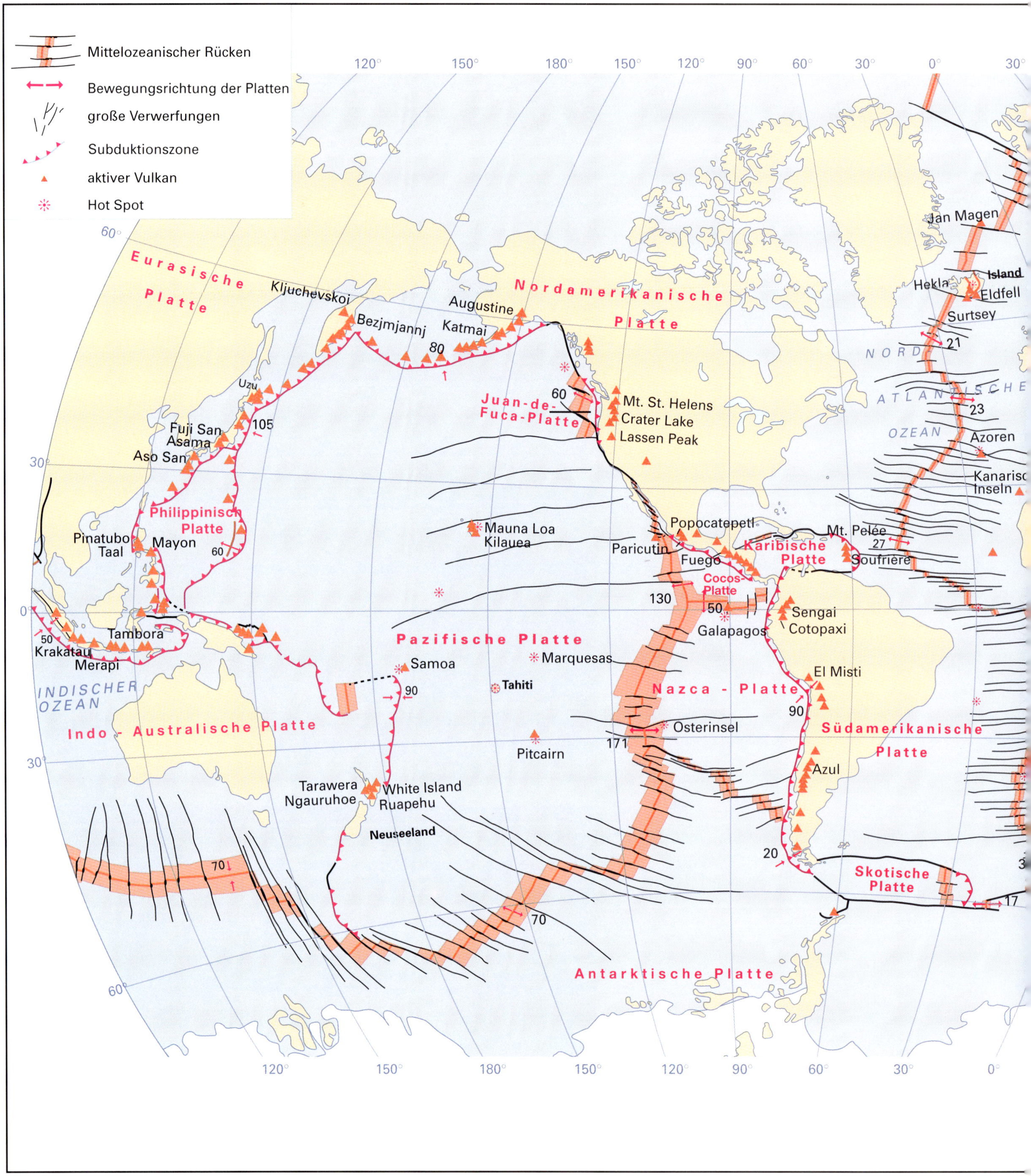

Mittelozeanischer Rücken
Bewegungsrichtung der Platten
große Verwerfungen
Subduktionszone
aktiver Vulkan
Hot Spot
Eurasische Platte
Nordamerikanische Platte
Juan-de-Fuca-Platte
Philippinische Platte
Pazifische Platte
Cocos-Platte
Karibische Platte
Nazca - Platte
Südamerikanische Platte
Indo - Australische Platte
Skotische Platte
Antarktische Platte
INDISCHER OZEAN
NORDATLANTISCHER OZEAN
Kljuchevskoi
Bezjmjannj
Augustine
Katmai
Uzu
Fuji San
Asama
Aso San
Pinatubo
Taal
Mayon
Krakatau
Tambora
Merapi
Mt. St. Helens
Crater Lake
Lassen Peak
Mauna Loa
Kilauea
Paricutin
Popocatepetl
Fuego
Mt. Pelée
Soufrière
Galapagos
Sengai
Cotopaxi
El Misti
Azul
Osterinsel
Pitcairn
Marquesas
Tahiti
Samoa
Tarawera
Ngauruhoe
White Island
Ruapehu
Neuseeland
Jan Magen
Hekla
Island
Eldfell
Surtsey
Azoren
Kanarische Inseln

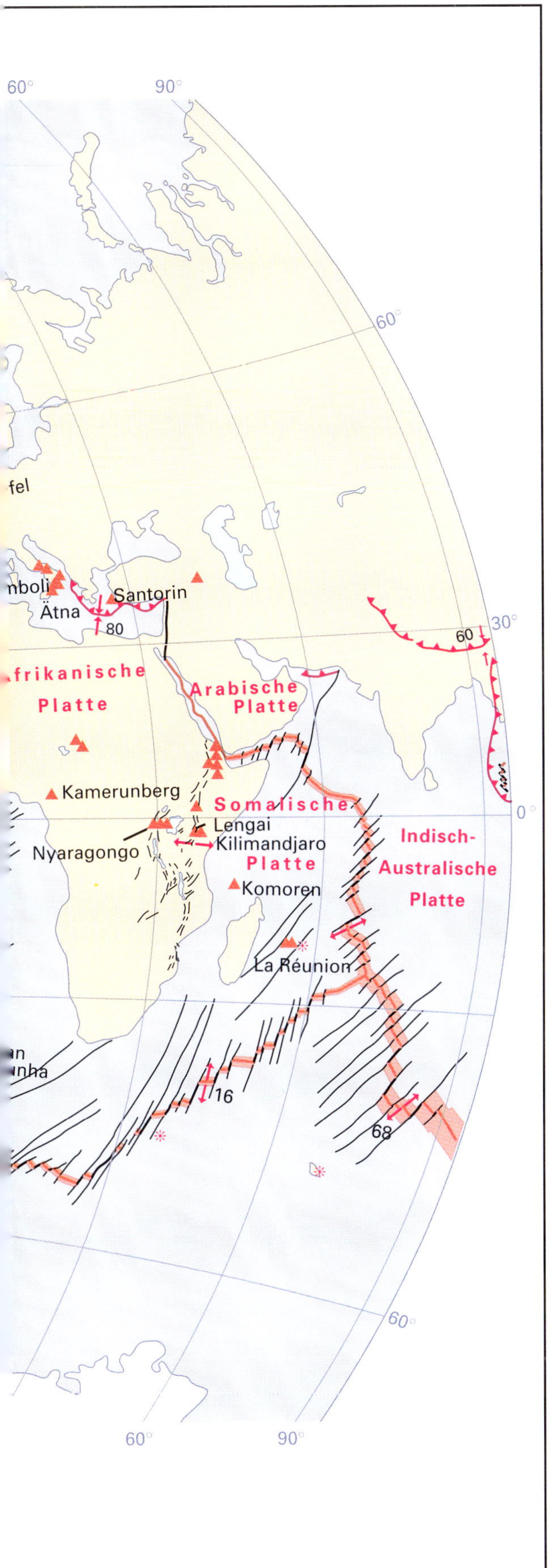

Ein Mosaik aus Platten

Die Erdkruste ist in größere und kleinere Platten gegliedert. Viele Vulkane liegen an den Grenzen der Platten.

DIE ERDKRUSTE besteht nicht aus getrennten Kontinentalschollen und Ozeanböden, sondern aus einer verhältnismäßig kleinen Zahl von Platten, deren Grenzen nicht durch die Küstenlinie, sondern durch die Mittelozeanischen Rücken einerseits und durch die Abtauchzonen, die sogenannten Subduktionszonen, andererseits gekennzeichnet sind. So reicht die Eurasische Platte von der Mitte des Atlantiks bis an den Rand des Pazifiks. Die Verschiebung der Platten gegeneinander wirkt sich im Laufe der Jahrmillionen als Drift der Kontinente aus.

Vulkane in Island, Erdbeben in China und Bergstürze in den jungen, aufsteigenden Gebirgen haben viel häufiger, als man früher annahm, eine gemeinsame, weltumspannende Ursache: die Drift der Krustenplatten auseinander und gegeneinander. Die Ursache der Krustenbewegung liegt tiefer. Langsame Wärmeströmungen im Erdmantel übertragen sich auf die Platten.

HEISSE FLECKEN DRIFTEN NICHT. Herrlich einfach! Alles klar! So mag mancher gedacht haben, als sich die Theorie der Plattentektonik, die Vorstellung von der Drift der großen und kleinen Platten der Erdkruste durchgesetzt hatte. Vergessen war der Einwand: „Und wie, Herr Kollege, stellen Sie sich vor, daß Afrika auf seinem Weg nach Osten über die Mittelatlantische Schwelle gehüpft sein könnte?“ Die Entgegnung auf diesen Einwand ist einfach geworden. Der Motor der Bewegung arbeitet in der Schwelle selbst. Dort drückt das aufsteigende Magma die Platten auseinander. Und da eben nicht unbegrenzt Platz an der Erdoberfläche vorhanden ist, tauchen die Plattenränder unter andere Platten ab.

Schaut man sich eine Karte mit der Lage der Platten genauer an, so fällt auf, daß viele Vulkane auf den Schwellen und den Subduktionszonen liegen; es gibt aber auch einige Punkte, die sich nicht so ohne weiteres in das schöne Bild einfügen. Wie ist beispielsweise die vulkanische Aktivität im Yellowstonegebiet zu erklären, wie der Vulkan von La Réunion oder der Vulkanismus von Hawaii? Diese Punkte liegen mitten auf einer Platte.

Die lange Reihe der Hawaii-Vulkane reicht von Midway bis zur Insel Hawaii. Dieser östlichste Vorposten liegt derzeit über einem leistungsfähigen Hot Spot. Die Pazifische Platte verschiebt sich weiter nach West-Nordwest. Vor 40 Millionen Jahren änderte sie ihre Bewegungsrichtung, daher der Knick bei Midway.

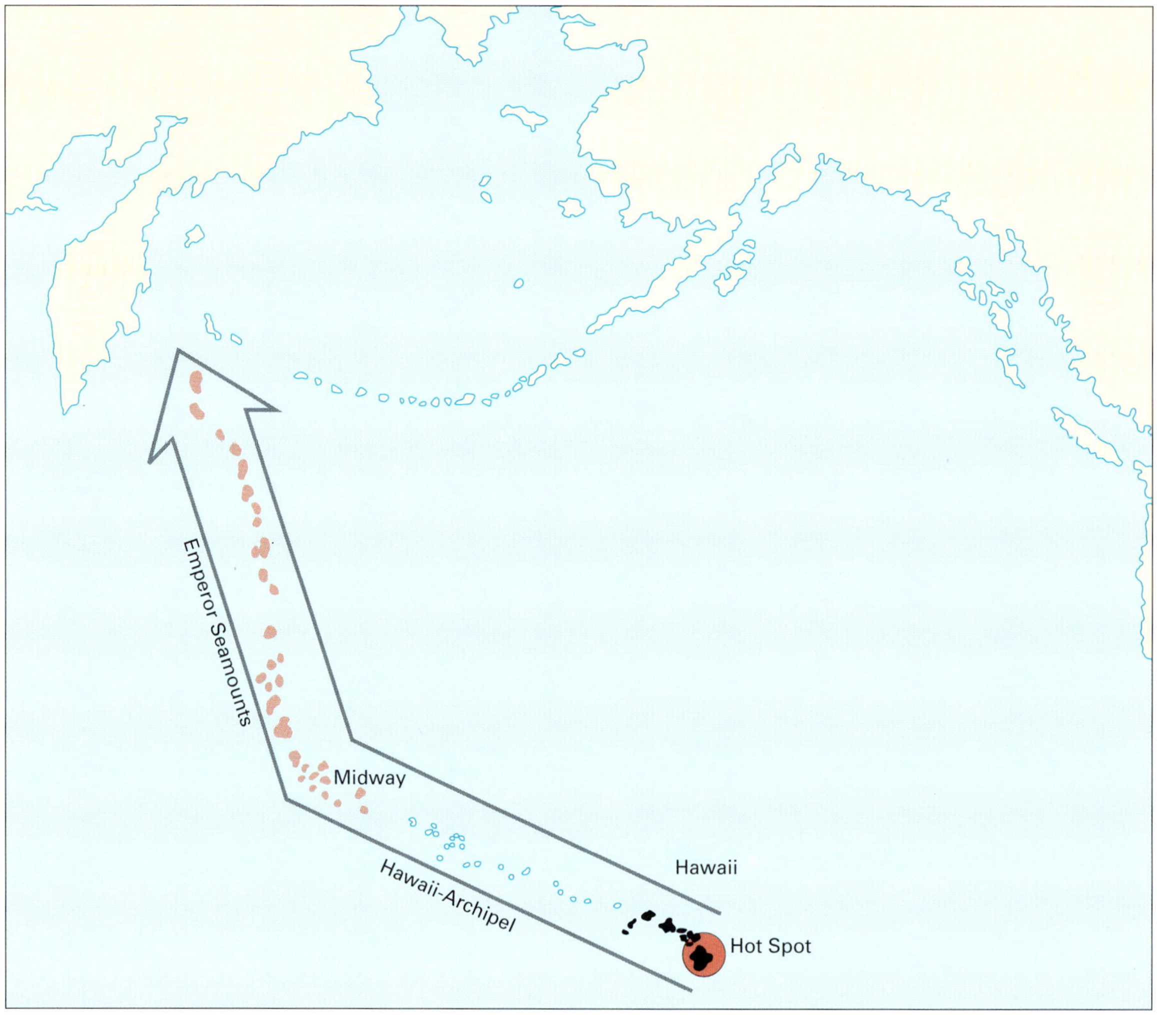

Die Aufheizzonen, die Hot Spots im Erdmantel, wandern kaum. Große Magmablasen, Plumes genannt, schmelzen sich durch die Erdkruste nach oben.

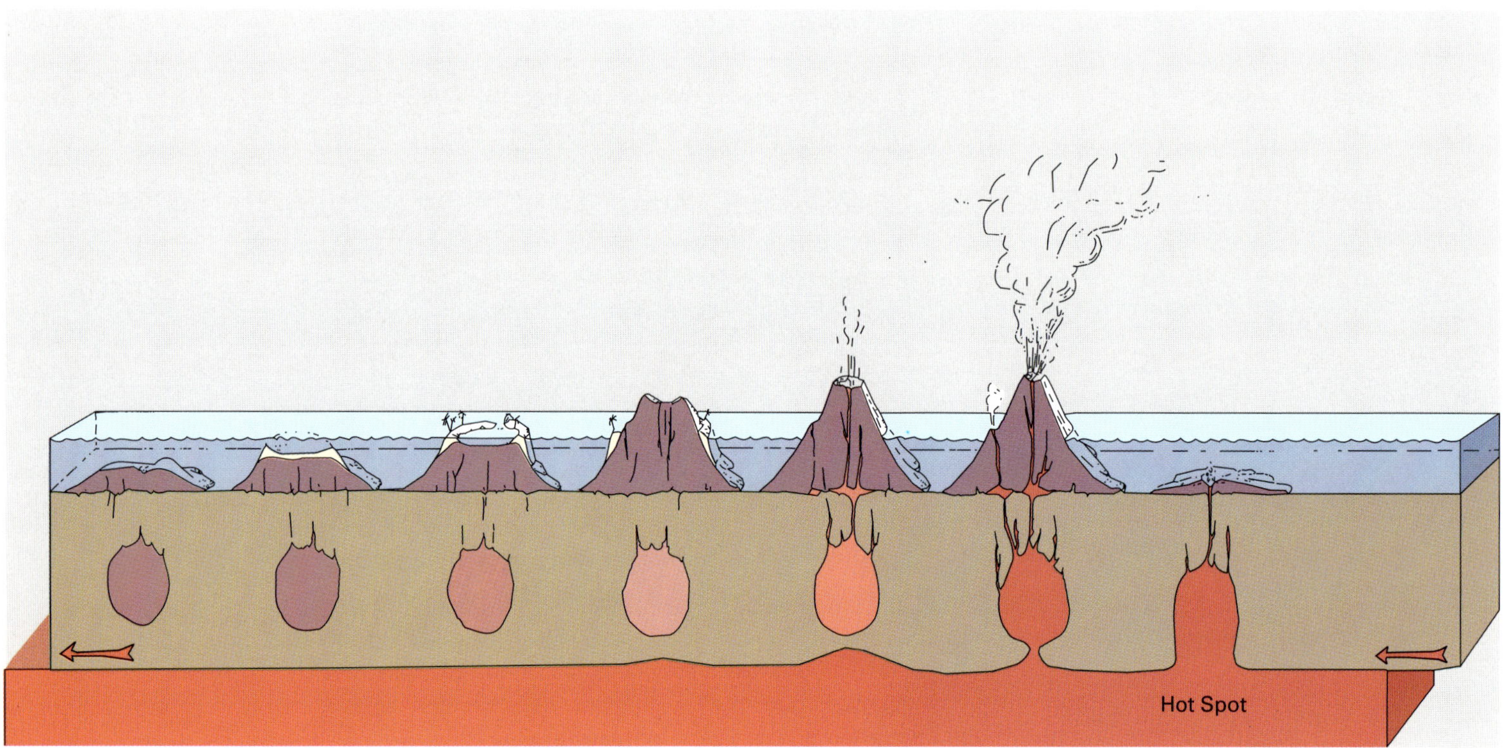

Noch Jahrzehnte nach dem Ausbruch des Vulkans von Capelinhos hat sich die Vegetation nicht erholt.

Der Vulkan von Capelinhos vor der Küste der Insel Faial brach 1956 aus.

DER LANGE MARSCH. Der amerikanische Geologe Wilson gab 1965 nach einem Besuch von Hawaii eine überaus einleuchtende Antwort auf diese Frage. Er stellte fest, daß die rund 2500 Kilometer lange Inselkette der Sandwich-Inseln, zu denen auch Hawaii gehört, weit im Westen, in der Gegend von Midway beginnt und sich mit einer Reihe von Korallenriffen, die durchweg auf abgetragenen Vulkanstümpfen sitzen, bis nach Hawaii im Osten fortsetzt.

Wilson fiel auf, daß auch die Inseln der Hawaiigruppe selbst um so stärker abgetragen sind, je weiter sie im Westen liegen. So ist die Insel Kauai, die westlichste, von tiefen Schluchten durchzogen. Ihre vulkanische Aktivität endete vor 1,4 Millionen Jahren. Selbst auf der Insel Hawaii, die die Amerikaner Big Island nennen, liegen die alten, erloschenen Vulkane im Westen. Auch sie sind schon tief zerfurcht. Der Mauna Loa im Osten ist ein aktiver Vulkan. An seinen Hängen gibt es so gut wie keine tiefen Täler, weil sie immer wieder von Lava aufgefüllt werden. Der dem Mauna Loa östlich vorgelagerte Kilauea ist zur Zeit am aktivsten. Dieser Vulkan wächst viel schneller, als er abgetragen wird.

Die Reihe der Sandwich-Inseln von Ost nach West ist eine Altersreihe. Die jüngste Insel, Hawaii, begann sich erst vor rund zwei Millionen Jahren auf dem Meeresgrund zu bilden. Midway, ganz im Westen, ist rund 30 Millionen Jahre alt. Die Altersreihe ist zugleich eine Reihe abnehmender vulkanischer Aktivität. Für diesen Zusammenhang gibt es eine schlüssige Erklärung: Die Pazifische Platte wird von Ost nach West über einen heißen Fleck, einen „Hot Spot", geschoben: eine Zone besonders hoher Temperatur im Erdmantel. Der Hot Spot selbst verändert seine Lage im Erdmantel offenbar nicht. Seine hohe Temperatur erhält er durch radioaktive Prozesse. Deshalb zeichnet sich der Tiefenbasalt aus dem Hot Spot durch erhebliche Mengen von Isotopen aus, wie sie bei radioaktiven Prozessen gebildet werden. So gesehen müßten Vulkane dieser Art behördlich verboten werden.

Die westlichen Hawaii-Inseln, wie Kauai, sind nicht mehr aktiv. Tiefe Täler zerschneiden sie. Auch der sanfte Hang, der hinter dem alten Walfängerhafen von Lahaina auf Maui aufsteigt, gehört zu einem erloschenen Schildvulkan (rechts oben).

Auf den Azoren sind große Calderas über den entleerten Magmakammern nachgebrochen. Sete Cidades auf São Miguel ist ein Beispiel dafür.

Immer wieder steigen aus einem Hot Spot große, heiße Magmablasen auf. Sie werden „Plumes" genannt. Über den aufsteigenden Plumes wölbt sich die Erdkruste. Deshalb kann ein Hot Spot als eine Zone mit Massenüberschuß und damit erhöhter Erdanziehung auch vom Satelliten aus nachgewiesen werden. Obwohl die aufsteigende Magmablase eines Plumes nicht wesentlich heißer ist als ihre Umgebung, reicht ihre Temperatur doch aus, um die Erdkruste aufzuschmelzen und damit eine räumlich begrenzte vulkanische Aktivität auszulösen.

Das Magma schmilzt die Ozeanische Platte auf. Es steigt, weil es leichter ist, nach oben und fließt schließlich am Meeresgrund aus: Vulkane vom Hawaii-Typ bilden sich. Sie zeichnen sich durch heiße, dünnflüssige, basaltische Lava aus. Ihre Explosivität ist gering. Große Magmamengen werden aus der Tiefe nachgeliefert. Dies kann zu jahrelang andauernden Lavaausbrüchen führen, wie derzeit am Puu Oo, einem Vulkankegel, der zum Kilauea gehört. So entstehen sehr flache, aber riesige Vulkangebäude, die vom Meeresgrund bis in Höhen von mehr als 4000 Metern über dem Meer aufwachsen.

EINE REIHE HEISSER PUNKTE. Ein Hot Spot schmilzt nicht einfach eine heiße Linie aus der Kruste heraus, sondern eine Reihe von Punkten, eine Vulkankette. Dies hängt damit zusammen, daß die Lava nicht als kontinuierlicher Strom aus der Tiefe kommt, sondern in gewissen Abständen, sozusagen portionsweise aufsteigt. Ein einmal aufgeschmolzener Weg nach oben wird lange Zeit benutzt, da es der bequemste Weg ist.

Derzeit wandert die Pazifische Platte mit einer Geschwindigkeit von sechs bis neun Zentimetern pro Jahr nach Ostsüdost. Ihre Spur läßt sich im Pazifik gleich dreimal verfolgen: An den Sandwich-Inseln, dann, weiter südlich an den Tuamotu-Inseln und an den Tubuai-Inseln. Bei allen drei Inselketten liegt ein aktiver Vulkan im äußersten Osten über dem jeweiligen Hot Spot. Folgt man diesen Inselketten weiter nach Westen, so zeigt sich, daß sie alle eine Fortsetzung mit einem scharfen Knick nach Nordnordwest haben. Offenbar hat die Pazifische Platte vor ungefähr 40 Millionen Jahren ihre Bewegungsrichtung geändert: Sie schwenkte von einem eher nordwärts gerichteten Kurs auf einen Westkurs um, der bis heute beibehalten wurde.

VIERZIG HOT SPOTS kennt man inzwischen genauer. Nicht alle sind gleichermaßen anerkannt, nicht alle gleich groß und gleich aktiv. Verfolgt man ihre Spuren, dann wird erkennbar, daß sich manche Platten der Erdkruste in den letzten 150 Millionen Jahren auf einem Zickzackkurs befanden, während andere ruhig vor sich hin drifteten.
Wenn, wie dies bei Island der Fall war, ein Hot Spot mit seinem gewaltigen Magmareservoir auch noch unter die ohnehin vulkanisch aktive Mittelatlantische Schwelle gerät, kann mit überdurchschnittlichem vulkanischem Temperament gerechnet werden. Dann wird auch der Rücken breiter, als dies normalerweise der Fall ist. Der Hot Spot, über dem Island derzeit liegt, scheint ungewöhnlich groß zu sein. Dort hat sich ein regelrechtes Basaltplateau ausgebildet, das dem Mittelatlantischen Rücken wie ein Dachreiter aufsitzt. Deshalb ragt Island so hoch über dem Meeresgrund auf.
Früher lag der Hot Spot weiter westlich; er bewirkte, daß trotz der Verbreiterung des Atlantiks lange Zeit eine Landbrücke von Nordamerika über Grönland bis Island bestand. So lassen sich die Reste von Pflanzen und Tieren in braunkohleähnlichen Ablagerungen Islands erklären, deren Verwandte heute in Kalifornien leben. Sie stammen aus dem Tertiär und sind zwischen zwei und 26 Millionen Jahre alt: Ahorn und Rotbuche, Nußbaum, Tulpenbaum und Mammutbaum. Island war damals von dichtem Wald bedeckt. Als dann vor zwei Millionen Jahren diese „Thule-Landbrücke" im Nordatlantik versank, begann es kälter zu werden auf der Erde.

Die vulkanischen Azoren liegen am Ostabhang des Mittelatlantischen Rückens. Der Vulkan Alto de Pico auf der Insel Pico ist 2315 Meter hoch.

Lanzarote, der kanarische Mond

Los Hervederos, die „Kochtöpfe“, wird die Brandungsküste im Basalt Lanzarotes genannt.

GANZ AM RANDE der atlantischen Ozeankruste haben die Kanarischen Inseln einen außergewöhnlichen Platz. Sie liegen weit entfernt vom vulkanisch aktiven Mittelatlantischen Rücken. Vor 135 bis 160 Millionen Jahren, als sich der Atlantik gerade zu öffnen begann, lag der vulkanische Rücken hier. Doch die Inseln entstanden erst viel später, vor etwa 40 Millionen Jahren. Verursacht durch Stauchungen am Rande der kontinentalen Kruste Afrikas wölbten sich damals in diesem Bereich der Erdmantel und die ozeanische Kruste nach oben. Spalten brachen auf. Aus ihnen stieg basaltisches Magma nach oben und floß am Meeresgrund über einer Sedimentdecke aus. Kissenlava weist auf diese untermeerischen Ausbrüche hin. Vor etwa elf Millionen Jahren begannen die vulkanischen Inseln dann über den Meeresspiegel hinauszuwachsen.
Nach einer langen Pause der Aktivität setzte auf Lanzarote vor etwa sieben Millionen Jahren eine neue Ausbruchsphase ein. Nach etwa zwei Millionen Jahren wurde es ruhiger. Die jüngste Eruptionsphase begann vor etwa einer Million Jahren. Besonders heftige Ausbrüche ereigneten sich im 17. und 18. Jahrhundert.

AN EINE MONDLANDSCHAFT erinnert Lanzarote vom Flugzeug aus. 300 Kraterberge bedecken die knapp 800 Quadratkilometer große Insel, die kleinen Kegel gar nicht mitgezählt. Einige wenige, wie der Vulkan Corona im Norden, stehen für sich allein. Die meisten Krater aber liegen auf Spalten in langen Reihen hintereinander. Wo sich Spaltensysteme kreuzen, sind sie dicht gedrängt.
Im Frühjahr, wenn es einige Tage geregnet hat, überzieht ein grüner Schleier das Land im Norden und im Süden. Sattgrün dehnen sich dann die Täler, mit Palmenhainen und weißen Würfelhäusern.
Schwarz ist dagegen jahraus, jahrein die Mitte und der Westen Lanzarotes. „Mal País“, „böses Land“, nennen die Einheimischen diese unfruchtbare vulkanische Welt auf der Insel. Dort stehen die Aschenkegel der Montaña del Fuego mit weiten Kratern

Schwarze Vulkanschlacke, „Picon“ genannt, wird über die Felder verteilt.

Das Meer schleift den Basalt nieder. Aus Säulen werden Buckelquader.

und blauschwarzen Schlackenhalden. Krater und Schlacken sind rostrot oxidiert. Wie ein bleiernes Meer erfüllt die erstarrte Lava das Tiefland mit langen, speckig glänzenden Wellen: runzelig, schuppig, an tausend Rissen geborsten und in Schollen zerfallen. 200 Quadratkilometer, ein Viertel der Insel, sind unter junger Lava begraben. Aufgerissene Rachen ringsum, doch keine Glut. Nirgends steigt Rauch auf, nirgends ein Wölkchen von heißem Dampf. Wie Museumsstücke stehen die erloschenen Feuerberge da.

DER GRAUSAMSTE FEUERSTURM, der Lanzarote seit Menschengedenken heimsuchte, tobte im 18. Jahrhundert sechs lange Jahre. Am 1. September 1730, zwischen 9 und 10 Uhr abends, erbebte die Erde unter Donnerschlägen. Der Pfarrer von Yaiza, Don Andres Lorenzo Curbelo, war Augenzeuge: „Die Erde öffnete sich bei Timanfaya, und ein riesiger, feuerspeiender Berg erhob sich. 19 Tage dauerte das grausige Schauspiel. Wenige Tage danach öffneten sich andere Krater, aus denen Lava quoll, die sich über die Dörfer Timanfaya, Rhodeo und Mancha Blanca schob. Am 6. September verlegte ein großer Fels dem Lavastrom den Weg und lenkte ihn aus der Nordrichtung nach Nordwesten um. Damit wurden auch Maretas und Santa Catalina zerstört. Am 1. September brachen neue Feuerschlünde auf. Dünnflüssige Lava überflutete Mazo und stürzte nach sechs Tagen mit schrecklichem Getöse und schaurigschönen, feurigen Kaskaden ins Meer.“

Ein Mondgebirge erhebt sich seither über die Insel. Ihr fruchtbarster Teil wurde zerstört. 400 Häuser, Gärten und Felder versanken im Glutstrom.
Nuestra Señora de los Volcanes, „Unsere Liebe Frau von den Vulkanen", ist die Schutzherrin der Insel. Ihr ist die kleine weiße Kirche von Mancha Blanca geweiht. Ein Kreuz steht auf dem erstarrten Lavastrom, nur wenige Meter von der Kirche entfernt. Dort hielt der Glutfluß an, teilte sich und nahm einen anderen Weg, als ihm die Gläubigen des Dorfes mit dem Bildnis der Gottesmutter entgegentraten. Alljährlich am 15. September wird die Erinnerung an das Wunder von Mancha Blanca mit aller Hingabe gefeiert.
Zweieinhalb Jahrhunderte sind seit jenen höllischen Jahren vergangen. Strahlend weiß stehen die Häuser von Yaiza, dem Städtchen am Südrand des Mal País, vor den schwarzen Schollen des Lavameers und den Kuppen der Montaña del Fuego. Das Rebland und die Zwiebelfelder enden immer noch an der Grenze, die einst die Lava zog.
Bei Uga wird jeder Stock der Malvasierreben in einen flachen Trichter gepflanzt und oft noch durch eine halbkreisförmige Mauer geschützt. Selbst Feigenbäume wachsen als niedrige Büsche im Windschutz schwarzer Mulden. Ein wenig Wasser liefert der Picon, die feinkörnige Basaltschlacke. Dieser porenreiche Lavasplit wird an den Hängen der Vulkane abgebaut und als 30 Zentimeter hohe Schicht auf die Felder gebracht. Er nimmt den nächtlichen Tau auf und leitet ihn den Wurzeln zu. Ein uraltes Verfahren, das es erlaubt, selbst in der Lavawüste

Jahrhundertelang bleibt das Mal País, das vulkanische Land, unfruchtbar. Selbst im Picon kommen nur wenige Pflanzenarten durch.

Auch diese Lavahöhle auf Gran Canaria bot den Guanchen Schutz vor den Eroberern.

Schlacke und Lava, vielfach übereinander geschichtet, bauen die Wand des Vulkans bei El Golfo auf.

ohne künstliche Bewässerung erfolgreich Pflanzenbau zu betreiben, vorausgesetzt, daß man den ewig wehenden Passatwind davon abhält, den Boden völlig auszutrocknen. Deshalb die Trichter und Mauern.

DAS GEZACKTE HAUPT des Vulkans Corona überragt eine 450 Meter hohe Steilküste. 610 Meter hoch steigt der Berg auf. Nach allen Seiten schickte der Vulkan vor mehr als 2000 Jahren mächtige Lavaströme bis zum Meer. 24 Quadratkilometer bedeckte das „Mal País de la Corona". In einem Lavastrom liegt die größte Lavahöhle der Welt: die 6,1 Kilometer lange „Cueva de los Verdes". Vom Rand des Vulkans reicht sie bis zum Meer. Die Lavahöhle bildete sich, als der Lavastrom ringsum schon erstarrt war. Unter der Decke strömte der Glutfluß in einer Röhre weiter. In der „Backröhre" blieb er heiß und dünnflüssig, weil sich dort die Gase, die aus der Lava austraten, mit Luft mischten und verbrannten. Sogar die Höhlendecke wurde durch die hohe Temperatur noch einmal aufgeschmolzen und begann zu tropfen. Wie dunkle Lavatücher hängen Tropfsteine in die Höhle.

SAAL DER HOFFENDEN. Die Urbewohner der Kanaren, die blonden und blauäugigen Guanchen, ein Volksstamm, der wahrscheinlich den Berbern nahestand, besiedelten auch Lanzarote. Die Cueva de los Verdes und andere Lavahöhlen dienten ihnen während der Eroberungszüge der Normannen und Spanier als Zufluchtsorte. Gegen die gnadenlosen Eroberer, die mit eisernen Waffen kamen, hatten die Guanchen trotz allen Heldenmuts keine Chance; ihre Waffen waren aus Stein und Holz. Andere Rohstoffe gab es nicht. Nach jahrelangem Abwehrkampf

wurden die Guanchen 1404 endgültig besiegt. Für die Spanier war die Eroberung der Kanarischen Inseln eine Generalprobe für die Conquista Südamerikas.
In späteren Jahrhunderten war die Cueva de los Verdes erneut Zufluchtsort für die Verfolgten der Insel. In höchster Not versteckten sich dort die neuen Siedler vor nordafrikanischen Sklavenjägern. Doch meist wurden sie entdeckt und weggeschleppt. Später zogen sich die Juden – Los Verdes, „die Grünen", genannt – in der Fastenzeit hierher zurück, um den Nachstellungen ihrer christlichen Mitbürger zu entgehen.
Heute ist der schönste Teil der Höhle für Besucher ausgebaut. Von der Höhe des Mal País führt ein schmaler Fußweg in einen Einbruchskessel hinab. Durch einen engen Gang erreicht man schließlich die tiefste Stelle 35 Meter unter der Erdoberfläche. Musik begleitet den Besucher auf seinem Weg, rollende Trommelwirbel, Fanfarenstöße und unwirkliche, gläserne, tropfende Töne.
Strahlende Scheinwerfer erhellen die dunklen Gänge und Hallen, lassen die roten und grünen Oxidationsflächen an der Höhlendecke aufleuchten, zeichnen die bizarren Schatten der herabhängenden Lavafahnen an die Wand. Fotoverschlüsse klicken, Blitzlichter zucken, doch die Ausbeute wird klein sein; es ist nicht leicht, einen so großen Raum mit seinen schwarzen Wänden auszuleuchten. Dem „Saal der Hoffenden" folgt der „Guanchenpfad" und dann die „Teufelsröhre". Zwei Stockwerke hat die Höhle. Das größere, geräumigere liegt oben. Treppauf, treppab. Der Gang weitet sich zu einem großen Konzertsaal. Gitarrenmusik! Die Akustik ist großartig. Kein Echo, kein störender Nachhall; die Lavawände sind porös.
Nahe am Meer liegt die „Jameos del Agua". Jameos heißt so viel wie „großer Einbruchsschacht". Der Meerwassersee in diesem Höhlenabschnitt steigt und fällt im Wechsel von Ebbe und Flut. Zentimeterlange, weiße Höhlenkrebse leben hier. Sie sind aus der dunklen Tiefsee in die Finsternis der Lavahöhle gewandert.
Weißgedeckte Tische und Stühle stehen auf einer Plattform des Restaurants. Kakteen und Papayapflanzen wachsen im einfallenden Sonnenlicht. Der müde Besucher kann sich vom Gang durch die Cueva de los Verdes und das Mal País de la Corona erholen und, wenn er mag, über die vulkanische Unterwelt nachdenken.

Der zur Zeit ruhige Pico Teide auf Teneriffa ist mit 3718 Metern der höchste Berg der Kanarischen Inseln.

Wasserfälle im Basalt

In zwei Stufen stürzt das Wasser des Rio Iguaçu in die Schlucht.

DIE FÄLLE DES SAMBESI. Um 1830 sahen burische Jäger als erste Weiße die größten Wasserfälle Afrikas. Der englische Forschungsreisende David Livingstone stand 1855 erstmals vor dem Naturwunder des Mosi-oa-Tunya, dem „donnernden Rauch". Zu Ehren seiner Königin nannte er die Fälle „Victoria Falls".

Über dunkle Basaltwände stürzt der Fluß auf 1750 Meter Breite 110 Meter tief hinab. Die Wasserfallschlucht ist nur 70 bis 90 Meter breit. Die Luft, die von den Wassermassen in die Tiefe mitgerissen wird, schießt mit der Gischt an der gegenüberliegenden Felswand hoch und steigt bei Hochwasser einige hundert Meter hoch auf.

Bei extremem Hochwasser, wie im April 1969, erhebt sich der „donnernde Rauch" über 450 Meter hoch. 35 000 Kubikmeter Wasser gehen dann pro Sekunde über die Fallkante. Im Frühjahr sind es durchschnittlich 5400 Kubikmeter, bei Niedrigwasser im Herbst nur noch 300 Kubikmeter. Dann löst sich allerdings der Wasservorhang in viele einzelne Fälle auf.

In den Tröpfchen der Gischt bricht sich das Sonnenlicht zu strahlenden Regenbogen. Chongwe, „Ort des Regenbogens", nennen die Eingeborenen den herrlichen Platz. In klaren Mondnächten steht ein Mondregenbogen über der Schlucht. Der Wind trägt ständig einen feinen Nieselregen auf das Felsplateau am anderen Schluchtrand und auf die Inseln im Strom. Dort gedeiht ein üppiger Regenwald. Als immergrüne Galerie säumt er auch die Wasserfallschlucht.

Oberhalb der Fälle ist der Sambesi fast zwei Kilometer breit. In der Wasserfallschlucht wird der Fluß auf 20 bis 30 Meter zusammengedrängt. Vom Flugzeug aus wird erkennbar, daß der Canyon des Sambesi ein höchst merkwürdiges Zickzack bildet, verschiedentlich mit Kursänderungen um nahezu 180 Grad.

DIE ZICKZACKSCHLUCHT. Vor etwa 150 Millionen Jahren wurde das heutige Sambesihochland von gewaltigen Lavamassen geradezu überflutet. Bis

Die Fallschlucht der Victoriafälle ist nur 70 bis 90 Meter breit. Eine ältere Fallkante ist vorne im Bild erkennbar.

Die Wasserfälle bei mittlerem Wasserstand

Über dunkle Basaltwände stürzt der Sambesi 110 Meter tief in die enge Schlucht.

Unterhalb der Fälle fließt das Wasser zwischen den Basaltfelsen durch die „Zickzackschlucht".

zu 300 Meter mächtig sind die Basaltdecken. Entscheidend für die Wasserfallbildung sind die Klüfte, die dieses Gestein durchziehen. Sie entstanden, als sich die glutflüssige Lava abzukühlen begann. Diese „Schrumpfungsrisse", die später durch weicheres Verwitterungsmaterial aufgefüllt wurden, bilden ein ziemlich regelmäßiges, grobmaschiges Netz. Den beiden Hauptrichtungen dieses Netzes folgt das Zickzackband der Schluchten.

Ursprünglich strömte der Sambesi durch ein breites, flaches Tal in einem Bett aus Sand und Kies hoch über den Basaltdecken. Als sich das Gebiet aber herauszuheben begann, schnitt sich der Fluß von Osten her in den Basalt ein. Die weichere Füllung der Schrumpfungsrisse wurde dabei schneller ausgeräumt. Deshalb folgte die Erosion im Flußbett bevorzugt diesen Schwächelinien. Zur Wasserfallbildung kam es immer dann, wenn ein Schrumpfungsriß quer zum Fluß verlief. An solchen querliegenden Rissen bildete sich zunächst eine Rinne, schließlich eine Querschlucht, in die das Sambesiwasser stürzte.

Bis heute hat sich dieser Vorgang wohl achtmal wiederholt. Die Victoriafälle sind die derzeit aktive Generation einer langen Reihe von Wasserfällen in der Geschichte des Sambesi.

DIE ABLÖSUNG. Weiter flußaufwärts deuten sich bereits die nächsten Kerben im Flußbett an. Am Teufelskatarakt, der sich schon 30 Meter tief in die Fallkante eingesägt hat, sieht man, wie die Ablösung der Victoriafälle vorbereitet wird. Bis es soweit ist, wird allerdings noch viel Wasser den Sambesi hinunterlaufen. An den Victoriafällen hat sich seit Jahrzehnten so gut wie nichts geändert. Das ergibt die Auswertung von Luftbildern. Der massige Basalt widersteht der Erosion lange Zeit.

100 000 Jahre darf man für die 3,5 Kilometer lange Wanderung des Sambesi von der ersten Schlucht bis zu den Victoriafällen wohl ansetzen. Schon lange vorher lebten an den Ufern des Flusses Menschen. In den Geröllen des Ur-Sambesi fand man ihre Faustkeile. Schon vor 500 000 Jahren jagten sie am Ufer des großen Flusses, in der Steppe und dem Galeriewald, der den Sambesi begleitet.

Riesige Affenbrotbäume wachsen hier und schlanke Fächerpalmen. Kudus und andere Antilopen filmten wir entlang des Flusses, flinke Meerkatzen in den Bäumen und einen Paviantrupp, der vorsichtig am Waldrand entlang zog und mit großem taktischem Geschick die Straße querte. Voran die munteren Halbwüchsigen und zwei jüngere Männchen, dann die Mütter mit den Babys und zum Schluß als Rük-

In der Savanne am Sambesi leben Steppenzebras und Elefanten.

Mächtige Affenbrotbäume wie der Big Tree sind an trockene Standorte angepaßt. Im ewigen Nieselregen an der Fallkante stehen die zierlichen Zwergdattelpalmen.

kendeckung die starken Männer. Wieder im Wald wurde die muntere Vorhut auf die Palme gescheucht, um für die ganze Gruppe Früchte zu pflükken. Ganz anders der Elefant am Fluß. Er schüttelte die elastischen Palmen, daß die Blätter rauschten und die Früchte nur so prasselten.

GULLFOSS. Durchaus vergleichbar mit den Victoriafällen ist der Gullfoss in Island, nicht weit vom Großen Geysir. Hvita, die „Weiße", ein wasserreicher Fluß, der vom Gletscher des Langjökull kommt, stürzt über dunklen Basalt und bildet einen Kluftwasserfall wie der große Bruder in Afrika. Zwar reicht es noch nicht zur vollen Zickzackschlucht, aber ein kurzes „Zick" und ein langes „Zack" sind schon zu sehen.

DIE FÄLLE DES RIO IGUAÇU. Don Alvar Nuñez Cabeza de Vaca drang um 1542 mit einem Trupp wagemutiger Krieger bis zu den Fällen im Nebenfluß des Rio Paraná vor. „Salto da Santa Maria" nannte er sie voller Ehrfurcht. Ganz einfach ist der indianische Name: „I guaçu", „das Wasser, das groß ist". Da aber außer Wasser am Iguaçu nichts zu holen war, zogen sich die Spanier zurück. Die Wasserfälle gerieten in Vergessenheit, zumal die in Nordamerika entdeckten Niagarafälle die geographisch interessierte Welt genügend beschäftigten. Erst 1892 wurde das Gebiet der Iguaçufälle überhaupt zuverlässig vermessen.
Wie der Sambesi zieht auch der Rio Iguaçu in großen Schlingen über ein flaches Basaltplateau. Auch hier auf beiden Ufern subtropischer Wald. Rund um die

Wasserfälle stehen 205 Quadratkilometer dieses Waldes in einem argentinisch-brasilianischen Nationalpark unter Schutz. Ganz im Gegensatz zu den Niagarafällen und zum Rheinfall wurde hier eine großartige Naturlandschaft umfassend bewahrt. Im Wald leben immer noch Jaguar, Tapir und Ameisenbär. Zwischen den Bäumen schwirren Kolibris. Das Geschrei der Papageien erfüllt die Luft. Allerdings sind die Tiere scheu, denn selbst hier sind sie vor Wilderern nicht sicher.

DER BREITE FLUSS hat sich in seinem Oberlauf nur wenig eingeschnitten. Er fließt über das Plateau der Paranábasalte, eine der größten Lavamassen der Welt. Sie überziehen ein Gebiet, das rund dreimal so groß ist wie Deutschland. Insgesamt erreichen die übereinanderliegenden Lavadecken eine Mächtigkeit von 1600 Metern.
Das Alter des Paranábasalts wird mit 120 bis 130 Millionen Jahren angegeben. Er stammt also aus der älteren Kreidezeit. Damals begannen sich Afrika und Südamerika zu trennen. Offenbar bildeten sich in Südafrika und in Südamerika im Zusammenhang damit tiefgreifende Spalten, an denen gewaltige Magmamassen aufsteigen und ausfließen konnten. Die Sambesifälle und die Iguaçufälle sind gleichermaßen an Klüften in den nahezu horizontal gelagerten Basalten entstanden. Als „Fallmacher" wirken bei den Iguaçufällen auch Basaltlagen, die in sich weniger zerklüftet und damit widerstandsfähiger sind. Im Gegensatz zum Sambesi stürzt der Rio Iguaçu von allen Seiten in die Fallschlucht, die sich

In der „Garganta do Diabo" bilden die Wassermassen des Rio Iguaçu eine donnernde Wand.

Auch die Fälle des Rio Iguaçu haben sich an Klüften in mächtigen Basaltlagen entwickelt.

Auf den Bäumen wachsen Bromelien als Epiphyten.

entlang einer vorgegebenen Kluftzone in die breite Talschlinge des Flusses frißt. Der Zustrom zur Spitze dieser Schlucht ist am stärksten. Dort stürzt das Wasser 72 Meter tief in die „Garganta do Diabo“, den „Teufelsrachen“. Geradezu gierig scheint dieser Höllenschlund die bernsteinfarbenen Wassermassen zu verschlingen.

Das Donnern und Stampfen des fallenden Wassers erfüllt die Luft. Wilde Wirbel schäumen in der Tiefe auf. Entlang einer Fallkante von 4,5 Kilometern bilden sich auf beiden Seiten der Schlucht 21 große und mindestens 250 kleine Fälle aus. Jeder für sich wäre groß genug, um bewundert zu werden.

Die Wassermenge von durchschnittlich 7000 Kubikmeter pro Sekunde macht die Iguaçufälle zu den größten Südamerikas. Trotz wachsender Besucherzahlen kann man am frühen Morgen immer noch unbehelligt im subtropischen Regenwald an den Fällen entlangwandern. Auf brasilianischer Seite führen Stufen und Wege auf die untere Fallterrasse hinab. Raben und Geier segeln im Aufwind in der Schluchtmitte. Leichte Beute lockt sie an, denn die Fische, vom Sturz betäubt, treiben hilflos im Wasser und brauchen nur aufgesammelt zu werden.

EPIPHYTEN. Auf der argentinischen Seite kann man, außer bei Hochwasser, auf hölzernen Stegen von Insel zu Insel bis zur „Garganta do Diabo“ wandern. Im feuchten Inselwald gedeihen viele Bromelien. Sie hängen als Epiphyten, als „Überpflanzen“, an den Ästen der Bäume. In ihren trichterförmigen Blättern sammeln sie Laub, das ihnen als Humus die lebensnotwendigen Mineralstoffe liefert. Mit den Saugschuppen ihrer Blätter nehmen sie Wasser auf. So können sie ohne Kontakt mit dem Boden überleben. Im Spritzwasserbereich des moorbraunen, nährstoffarmen und sauren Wassers wachsen anspruchslose Gräser. Hier kann nur überleben, wer äußerst genügsam ist. Unzersetzte Pflanzenreste bleiben liegen und bilden ein Moor.

GESCHÜTZT FÜR IMMER? Bislang widerstanden die Regierungen der beiden Nachbarländer der Versuchung, den Wald zu roden und das Wasser des Iguaçu auf Turbinen zu lenken. Kein sechsspuriger Highway führt auf eine Aussichtsterrasse, und keine Brücke spannt sich über die Schlucht. Es gibt kein Hotel mit Blick auf die Fälle und keinen Schilderwald, der jeden Besucher, ob er will oder nicht, mit Information überschüttet. Es ist auch schön, einmal ohne Anleitung sehen und staunen zu dürfen.

TUPU, DER GROSSE GOTT, formte die Welt. Am schönsten Platz durften die Caingagues leben, sein Lieblingsvolk. Zu ihrem Schutz bestellte er seinen Sohn, den Schlangengott Mboi, der die Gewässer bewohnte. Jahr für Jahr gab es ein großes Fest am Fluß, bei dem man Mboi das schönste Mädchen des Stammes weihte. Nun hatte der Häuptling des Stammes eine Tochter, Naipi genannt; die war so schön, daß das Wasser im Fluß seinen Lauf anhielt, wenn sie sich in ihm spiegelte. Taroba, ein junger Krieger, verliebte sich in die schöne Naipi, die ebenfalls großen Gefallen an ihm fand. Doch auch Mboi, der Schlangengott, begehrte die Schöne. Am Tag, als Naipi ihm geweiht werden sollte, raubte sie Taroba und floh mit ihr in seinem Kanu. Mboi hörte im Schlaf die Schläge des Paddels. Als er den Betrug bemerkte, warf er sich vor Wut schäumend in die Luft und fiel auf den Fels und ins Wasser zurück. Da riß die Erde in einem langen Spalt auf. Der Fluß stürzte in den Spalt und verschlang das Kanu mit den Liebenden.
Seither steht Naipi als Fels, vom reißenden, schäumenden Wasser umspült, in der Schlucht. Taroba wurde zum Baum, der vom Rande der Schlucht seine Äste zum Fels, zu seiner geliebten Naipi, hinüberstreckt, ohne sie jemals erreichen zu können. Mboi, der Schlangengott, aber liegt bis heute in einer Höhle am Grunde der Schlucht im tosenden Wasser, um den Fels und den Baum zu belauern.

Noch ist die Naturlandschaft an den Fällen kaum gestört.

Europas großer Feuerberg

DER „VERBRANNTE BERG" heißt „Ätna" zu deutsch. Der seit Jahrhunderten tätige Vulkan auf Sizilien gehört zu den acht aktivsten Vulkanen der Erde. Neben den Hawaiivulkanen und dem Mount St. Helens ist er auch einer der am besten erforschten. Dies liegt an seiner Zugänglichkeit inmitten eines alten Kulturlandes. In Catania entstand das Internationale Institut für Vulkanologie, ein Forschungszentrum für Fachwissenschaftler aus aller Welt. Die deutschen Vulkanologen Hans Pichler und Rolf Schick untersuchten in den letzten Jahren den Ausbruchsmechanismus des Ätna mit modernen geophysikalischen Methoden und setzten damit die verdienstvolle Arbeit des Schweizer Vulkanologen Alfred Rittmann fort.

Rittmann wies schon vor Jahren darauf hin, daß zwischen dem Gasdruck im Magma und dem Druck, den die Lavasäule auf das Magma ausübt, ein Zusammenhang besteht. Unter dem Druck der Lavasäule ist das Gas im Magma „gelöst". Erst weit oben im Schlot perlt es aus und steigt als Blasenzug zur Oberfläche. Dort dehnen sich die Blasen schlagartig aus, platzen und reißen Lavafetzen mit. Steht das Magma hoch im Schlot, werden glühende Lavafladen ausgeworfen.

Diese Schlackenwurftätigkeit ist vor allem am Nordostkrater des Ätna häufig. Gelegentlich öffnet sich eine Spalte unterhalb des Gipfels. Dünnflüssige, entgaste Lava fließt aus, oft in großen Mengen. Der Fachmann spricht von einem gipfelnahen, subterminalen Ausbruch.

AUSBRÜCHE DES ÄTNA. Wenn aus der Tiefe verstärkt Magma nachdrängt und der Weg nach oben versperrt ist, kann es zu einem „Räumungsausbruch" im Gipfelbereich kommen. Als Folge einer solchen raschen Druckentlastung schäumt das Magma auf. Es wird fein zerstäubt und hoch hinauf getragen. In weitem Umkreis fällt dann Asche. Unter dem Druck der gespannten Gase bilden sich gewaltige Lavafontänen, die am Ätna bis zu 800 Meter

Über 3300 Meter hoch steigt der Gipfel des Ätna auf.

Der Lavastrom vom März 1983 zieht eine feurige Spur bis in das besiedelte Gebiet am Fuße des Ätna.

Eine Reihe von Kratern liegt in der Gipfelregion des Ätna. Als äußerer Ring um den Hauptkrater ist der Calderarand von 1964 erkennbar. Der Nordostkrater zeichnet sich durch häufige Schlackenwurftätigkeit aus.

Ein Strom aus Blocklava schiebt sich in ein kleines Tal bei San Alfio.

Hunderte von Journalisten und Kameraleuten aus aller Welt verfolgen den Ausbruch vom März 1983.

Die Einheimischen begegnen der Lava mit gemischten Gefühlen.

über den mehr als 3300 Meter hohen Gipfel aufsteigen können.
Flankenausbrüche an Radialspalten sind häufiger. Rittmann beschreibt einen Ausbruch dieses Typs: „Am 1. Februar 1964 riß am Osthang des Zentralkegels in 3000 bis 3100 Meter Meereshöhe eine Radialspalte auf, aus der Schlacken und Aschen ausgeworfen wurden, die eine Reihe von kleinen Schlakkenkegeln aufschütteten. Am unteren Ende der Spalte brach ein Lavastrom hervor, der vier Kilometer weit bis in das Valle del Bove floß. Am 20. Februar war der Ausbruch zu Ende. Am 7. April wurden im Zentralkrater Lavafontänen bis 600 Meter hoch geschleudert. Dieses Schauspiel wiederholte sich in noch stärkerem Maße am 13. April. Die herabfallenden Lavafetzen bauten im Krater einen Kegel auf, so daß jetzt die Höhe des Ätnas 3300 Meter überschreitet. Gleichzeitig quoll Lava über den Nordrand des Kraters und ergoß sich kilometerweit über den Außenhang. Dasselbe wiederholte sich am 20. und 27. April und am 2. Mai.
Am 7. Mai erneute Lavafontänen im Zentralkrater und Überfließen eines vier Kilometer langen Lavastroms gegen Westen in Richtung des Städtchens Bronto. Vom 13. bis 18. Mai ereignete sich ein weiterer, heftiger Gipfelausbruch mit Lavafontänen und starker interkraterer Lavaförderung. Unter dem Druck der Lava gab der schon durch einen Ausbruch von 1949 zerrüttete und geschwächte Kraterwall im Südsüdwesten nach, und die dünnflüssige Lava ergoß sich mit großer Geschwindigkeit aus der entstandenen tiefen Scharte. Der Strom – 4,5 Kilometer

Die höchste Lavafontäne, die jemals auf dem Ätna beobachtet wurde, erreichte eine Höhe von 1000 Metern. Rhythmische Gaseruptionen erzeugten rasch aufeinanderfolgende, ringförmige Quellwolken, die schwer mit Asche beladen waren.

Vom Magmaherd in der Tiefe führen mehrere Förderkanäle zu einem Magmalager im Sockelbereich des Vulkans. Es speist vor allem die gipfelnahen Ausbruchsstellen.

Der Ätna von Südwesten aus gesehen. Hoch am Hang die Rauchfahne des Ausbruchs von 1984.

lang – floß etwa 100 Meter westlich am Observatorium vorbei und erreichte Quote 2100 Meter über Meereshöhe, ohne Schaden anzurichten. Dieser Ausbruch bot ein eindrucksvolles Schauspiel und gab leider Anlaß zur Verbreitung von übertriebenen Berichten und zum Teil unterschobenen und gefälschten Illustrationen in der Weltpresse."

Ähnliches gilt auch für den spektakulären Flankenausbruch, der am Morgen des 28. März 1983 begann und beträchtlichen Schaden anrichtete. Die Panoramastraße, die von Nicolosi den Berg hinaufführt, wurde überflutet. Mehr als 20 Häuser wurden zerstört, Menschen kamen nicht zu Schaden. Über den Beginn der Eruption schreibt Hans Pichler: „Im südlichen Gipfelbereich registrierte man am Morgen des 27. März 134 Erdbewegungen pro Stunde. Am Mittwoch, den 27. 3., nahm man, ungewöhnlich für den Ätna, starken Schwefelwasserstoffgeruch aus einem der Krater der Monti Silvestri, ca. 2 Kilometer südlich der späteren Ausbruchstelle wahr. Am Morgen des 28. 3. gegen 8.45 Uhr war auf der Südseite des Berges zwischen 2450 und 2250 Meter Höhe, etwa 800 Meter unterhalb der Montagnola und vier Kilometer südlich des Zentralkraters, von Nordnordost nach Südsüdwest eine Eruptionsspalte aufgerissen, längs der an mehreren Stellen schwach explosive Tätigkeit mit Auswurf geringer Mengen Lavafetzen im Gange war. Zugleich traten am unteren Ende der Spalte mehrere Lavaströme aus, die schon am Abend des 28. 3. die Panoramastraße unterhalb der Cantoniera streckenweise überflutet und mehrere Gebäude zerstört hatten."

Die Spalten zogen bis in den Zentralkrater hinein. Von dort aus floß die Schmelze verdeckt, mehrere hundert Meter tief nach Süden, wo sie am Piccole Rifugio in 2500 Meter fast die Oberfläche erreichte, aber erst 200 Meter tiefer ausbrach. Die Temperatur der Lava betrug 1067 Grad Celsius in 60 Zentimeter Tiefe, ein für die basaltische Lava des Ätna normaler Wert. 15 bis 30 Kubikmeter Lava quollen pro Sekunde aus. Gleichzeitig mit dem Lavaausbruch an den Flanken kam es zu Ascheausbrüchen im Gipfelkrater. Die Aschenfahne des Berges zog sich 150 Kilometer nach Südosten hin.

DYNAMIT GEGEN LAVA. Berühmt wurde der beschriebene Ausbruch aber vor allem durch das Vorhaben, dem Lavastrom durch eine Sprengung der Seitenwand des Hauptkanals zu begegnen.

Die Grenze zwischen der Afrikanischen und der Eurasischen Platte verläuft durch Sizilien.

Dicht am Schlackenwall stehen die Männer des Sprengkommandos.

Diese Aktion fand gewissermaßen im Fernsehstudio statt. Vor Hunderten von geladenen Gästen, Journalisten und Wissenschaftler aus aller Welt wurde ein Riesenspektakel zelebriert. Dabei hatte die Lavaförderung bereits deutlich nachgelassen. Bis tief in die Nacht hinein warteten Kameramänner in splittersicheren Unterständen bei Eiseskälte auf das große Feuerwerk. Man hoffte auf einen Erfolg wie in Heimaey. Dort, und früher schon am Mauna Loa, war es gelungen, das weitere Vorrücken eines Lavastroms zu verhindern: auf Hawaii mit Bomben, auf Heimaey mit kaltem Meerwasser. Am Ätna hatten schwedische Spezialisten den Plan, mit 55 Sprengladungen in jeweils sechs Meter langen Metallrohren 400 Kilogramm Sprengstoff im seitlichen Schlakkenwall des Lavastroms zu zünden und möglichst viel Lava in einem Graben, den Planierraupen ausgehoben hatten, in unbesiedeltes Gebiet abzulenken. Doch Dynamit und glühende Lava ergeben eine brisante Mischung. Trotz vorsorglicher Kühlung wurde die Lage kritisch, als Lava über den Rand des Walls zu schwappen begann. Es kam deshalb nur zu einer „Notsprengung" von 33 Ladungen. Entsprechend kleiner war die ausgesprengte Bresche im Wall. Statt der erhofften 50 Prozent flossen nur 20 Prozent der Lava ins künstliche Bett. Dieser „Nebenstrom" floß nur 250 Meter weit. Zum Glück für die Veranstalter waren diese Feinheiten im Fernsehen nicht zu sehen. Mag sein, daß sich die Zehn-Millionen-Mark-Show medienpolitisch gelohnt hat. Die Vulkanologen aber waren mit diesem Unternehmen alles andere als glücklich.

78 Millionen Kubikmeter Lava hatte der Ausbruch gefördert. Beim größten Ätnaausbruch in histori-

Der Lavastrom blockiert die Panoramastraße, die von Nicolosi zum Ätna hinaufführt.

Mit schwerem Gerät wird ein künstliches Bett für die Lava vorbereitet, um sie in unbesiedeltes Gebiet abzuleiten.

Über einem Lavatunnel baut der hochspritzende Glutfluß regelrechte Abzugsschächte auf, sogenannte Hornitos (rechts).

scher Zeit, der fernab vom Hauptgipfel aus zwei exzentrischen Kratern, den Monti Rossi bei Nicolosi, erfolgte, wurde eine Milliarde Kubikmeter Lava gefördert. Damals überflutete ein breiter Lavastrom die Stadt Catania und erreichte das Meer. Nach diesem gewaltigen Materialverlust war die Magmakammer erschöpft. Auch im Gipfelkrater sackte die Lava ab. Die Kraterwände stürzten ein.

RAUSCHEN IM KANAL. Inzwischen hat man, nicht zuletzt aufgrund der Forschungsarbeit von Rolf Schick, eine recht genaue Vorstellung von der Gestalt der Förderkanäle und Magmakammern im Ätna. Er ortete die strömende Schmelze im Berg an ihrem Rauschen mit empfindlichen Infraschall-Meßgeräten. Aus dem „Klangbild" des Vulkans gelang es, auf seinen inneren Bau zu schließen und Lage und Verlauf von Magmakammern und -kanälen zu bestimmen.

VULKAN AUF DER GRENZE. Der Ätna ist nicht nur Europas größter, sondern auch südlichster Vulkan. Nur wenige Kilometer weiter südlich verläuft die Plattengrenze zwischen der eurasischen Kontinentalplatte und der unter sie abtauchenden Afrikanischen Platte. Diese Grenze verläuft quer über das südliche Sizilien. Im Bereich des Vulkans überschneiden sich vier Bruchrichtungen. An diesem, auch durch schwere Erdbeben gekennzeichneten Bruchsystem steigt Magma aus dem Erdmantel auf. Wo früher eine flache Meeresbucht war, wird seit 600 000 Jahren das Vulkangebirge des Ätna aufge-

Abendstimmung am Ätna

baut. Inzwischen bedeckt es 1200 Quadratkilometer. Die nördlichste Ausbruchsstelle von Mota San Anastasia und die südlichste, nahe Catania, liegen immerhin 43 Kilometer auseinander.
Annähernd 300 Ausbruchsstellen des Ätna sind zur Zeit oberflächlich sichtbar. Viele sieht man nicht mehr; sie wurden im Laufe der Zeit von Lava und Asche zugedeckt. Der leistungsfähigste Einzelvulkan war ursprünglich ein Berg südöstlich des heutigen Gipfels, der Vulkan Trifoglietto. Dessen Gipfel stürzte jedoch in sich zusammen. Heute liegt an seiner Stelle eine weite, nach Osten geöffnete Einbruchswanne: die Caldera des Valle del Bove.

MONGIBELLO heißt der neue Ätnagipfel, westlich vom alten Aktivitätszentrum. Heute erreicht der Kraterrand 3300 Meter. Zur Zeit der Griechen und Römer war der Berg höher. 1669, nach dem Ausbruch der Monti Rossi, stürzte der alte Gipfel ein, weil das Magma im Schlot abgesackt war und er deshalb seinen Halt verlor. Der Rand dieses Einbruchskrater ist heute noch als Ring 300 Meter unterhalb des Gipfels zu erkennen.
Für die Menschen Siziliens gehört der Ätna zum Alltag. Seine Hänge spenden Wasser, den größten Segen für das Land. Das überwiegt den Schrecken, den er gelegentlich verbreitet. Auch das Speiseeis verdankt Sizilien dem Berg. Schon vor Jahrhunderten holte man den Firn, der sich in den Spalten am Gipfel des Ätna bis in den Sommer hinein hielt, und mischte ihn mit Zitrone, Honig und Zucker: Gelato del Etna.

Die Feuerspur Hawaiis

DER „HAWAII-HOT SPOT" gehört zu den Großen der Welt. Er liefert das Magna für gewaltige Vulkanbauten. Über einer annähernd dreieckigen Grundfläche von 10 440 Quadratkilometern erheben sich die Feuerberge Hawaiis. Der Mauna Kea, polynesisch „Weißer Berg", ist mit 4217 Metern der höchste unter den Hawaiibergen; im Winter fährt man auf seinem Gipfel Ski. Während der Eiszeit trug er eine mächtige Eiskappe, die bis auf 3200 Meter herabreichte. Dort liegen ihre Endmoränen.
Der größte Einzelberg der Welt aber ist der 4169 Meter hohe Mauna Loa; Mauna Loa bedeutet „Großer Berg". Seine Größe sieht man ihm nicht an, denn sein Gipfel ist keine himmelstürmende Felspyramide, der ganze Berg ist ein flacher Schild mit sanften Hängen. An seiner Basis, die in über 5000 Meter unter dem Meeresspiegel auf dem Tiefseeboden aufsetzt, hat der Mauna Loa einen Durchmesser von 400 Kilometern. Könnte man ihn nach Europa tragen, so würde er die ganze Schweiz überdecken und wäre doppelt so hoch wie der Mont Blanc. Sein Basaltvolumen würde ausreichen, um Deutschland 150 Meter hoch zu bedecken.
Die gewaltigen Schildvulkane sind aus unzähligen Strömen dünnflüssiger Lava aufgebaut. Sie sind verhältnismäßig selten. Man kennt sie von Island, von der Insel La Réunion und eben von Hawaii.
Der älteste Vulkan von Big Island, wie die Amerikaner die Insel Hawaii nennen, ist der Kohala im äußersten Nordwesten. Seine Hänge sind tief zerfurcht. Der Kohala und der Mauna Kea waren seit Menschengedenken nicht mehr tätig. Der Haleakala auf der nordwestlich gelegenen Nachbarinsel Maui war immerhin um 1750 noch einmal aktiv. Auch der im Westen von Hawaii gelegene Hualalai brach im Jahr 1801 überraschend aus.

MAUNA LOA UND KILAUEA, die beiden südöstlichen Berge also, sind tätige Vulkane. Wenn bei einem großen Ausbruch viel Lava gefördert wird, erreichen die glühenden Ströme aus der Gipfelregion des Mauna Loa nach einem Weg von über 50 Kilometern den Pazifik.

Gewaltige Lavafontänen kennzeichnen die Eruptionen im Osten Hawaiis. Der Puu Oo brach 1983 aus. Er gehört zum System des Kilauea, des jüngsten Vulkans der Insel.

Der riesige Mauna Loa ist ein flacher Schildvulkan. Seine Höhe von 4169 Metern sieht man ihm nicht an. Vorne: der Kraterrand des Kilauea.

Vom Ausbruch des Kilauea Iki blieb ein Schlackenberg und die leergeblasene Ausbruchsöffnung.

Der Mauna Loa spuckte früher durchschnittlich alle dreieinhalb Jahre. Seit 1950 ist er merkwürdig ruhig, nur aus den Rändern des mehr als sechs Kilometer langen, drei Kilometer breiten und 200 Meter tiefen Einbruchskraters im Gipfelplateau steigt Dampf auf. Von 1822 bis 1950 wurden 37 Gipfelausbrüche beobachtet, sie förderten zusammen mindestens 3000 Kubikkilometer Lava. Allein diese Menge würde ausreichen, um den Bodensee 62mal mit Lava zu füllen. Der 1200 Meter hohe Kilauea, das heißt soviel wie „Höhe der Dämpfe", wächst an die südöstliche Flanke des Mauna Loa heran. Er ist äußerlich kaum von ihm zu trennen. Doch er besitzt ein eigenes, wenn auch vom Mauna Loa nicht völlig unabhängiges, tiefreichendes vulkanisches System. Sein Zentrum zeichnet sich durch ineinandergeschachtelte Einbruchskrater mit steilen Rändern aus. Im Nordwesten, auf dem höchsten Punkt über dem Kraterrand, steht das vulkanologische Observatorium. Von dort aus überblickt man den Krater des Kilauea und einen zentralen, fast kreisrunden Einbruchskessel: die Caldera des Halemaumau, polynesisch „Haus der Farne".

Widerstandsfähige Farne wagen sich bis an den Rand des Halemaumau. Der Durchmesser der Caldera beträgt etwa 1000 Meter. Zur Zeit ist sie ungefähr 140 Meter tief. Aus einer Reihe von Spalten steigt Dampf auf. Für die Hawaiianer ist dieses Gebiet ein heiliger Bezirk: Hier wohnt die Vulkangöttin Pelé in einem glühenden Lavasee.

In den letzten Jahrhunderten war der Kilauea vor allem ein Ascheproduzent. Dies hängt damit zusammen, daß immer wieder Grundwasser zum aufsteigenden Magma vordrang und gewaltige, aschereliefernde Dampfexplosionen verursachte. In der Asche des Kilauea haben sich die Fußspuren von Polynesiern erhalten, die sich dem Krater während eines Ausbruchs näherten.

Nur 30 Meter unter dem Kraterrand des Halemaumau brauste und brodelte bis in die zwanziger Jahre hinein ein wabernder Feuersee. Anfang 1924 fiel der Spiegel dieses Lavasees um 200 Meter. Mitte Mai erschütterten gewaltige Dampfexplosionen den Halemaumau. Offenbar war wieder einmal Grundwasser bis zum Magma vorgedrungen. Seither gab es zwar kleinere Ausbrüche im Kessel, der Feuersee aber blieb, von kurzen Intervallen abgesehen, verschwunden.

Eine ausgeprägte Spaltenzone, das East Rift, hat sich im Osten des Kilauea entwickelt. Dort kommt es

immer häufiger zu wilden, mitunter jahrelang anhaltenden Lavaeruptionen. Durchschnittlich 50 Millionen Kubikmeter Lava liefert der Vulkan hier jedes Jahr. Das entspricht immerhin einem ein Meter dikken und ein Meter breiten Lavagürtel rund um die Erde.

ELDORADO DER VULKANOLOGEN. Der amerikanische Vulkanologe Th. A. Jaggar errichtete im Jahr 1912 das inzwischen weltberühmte Observatorium am Kraterrand des Kilauea. Seither werden die Hawaiivulkane ununterbrochen beobachtet. Nicht nur der Verlauf und die Dauer der einzelnen Ausbrüche werden von den Vulkanologen registriert, sondern auch die Veränderungen der Vulkane zwischen den Eruptionen. Je mehr man über die Feuerberge weiß, um so besser kann man sie beurteilen, um so sicherer läßt sich die künftige Aktivität abschätzen, nicht zuletzt, um die Menschen, die im Umfeld der Vulkane leben, rechtzeitig zu warnen. Die Beschreibung eines berühmt gewordenen Ausbruchs des Kilauea Iki, eines kleineren Nebenkraters des Kilauea, ist ein Musterbeispiel für die hervorragende Arbeit der Vulkanologen des American Geological Survey:

Im August 1959 registrierten die Erdbebenmeßgeräte im Observatorium Erschütterungen, deren Herd rund 60 Kilometer unter der Oberfläche lag. Bis zu 1200 Grad Celsius heißes Magma begann aufzusteigen und damit auch den Glutfluß in zwei bis drei Kilometer Tiefe in die Magmakammern zu pressen. Der Kilauea begann sich meßbar aufzuwölben und zu heben. Bis zum 13. November registrierte man mehr als 200 Erdstöße. Kurz vor dem Ausbruch nahm deren Zahl auf 1500 pro Tag zu. Mit dem Laser-Geodimeter, einem sehr präzise arbeitenden Vermessungsgerät, ließ sich schließlich eine Aufwölbung von mehr als einem Meter bei einer Distanz der Meßpunkte von zehn Kilometern feststellen. „The volcano is fat and swollen“, stand damals in den Zeitungen in Los Angeles.
Unter dem Druck der gespannten Gase erfolgte am 14. November 1959 um 20.09 Uhr die erste Explosion. Der Kraterrand, der 91 Jahre lang keine vulkanische Tätigkeit mehr gezeigt hatte, war an einem Dutzend Stellen geborsten. Der Gasdruck des aufsteigenden Magmas jagte dünnflüssige Lava in hohen Fontänen aus allen Spalten und Löchern. Nachdem der erste Druck verpufft war, schlossen sich die Ausbruchsöffnungen bis auf zwei. Aus die-

Die Ausbruchsspalte hat sich bis auf wenige „Ventile“ geschlossen.

Glühende Lava fließt ins Meer.

sen stiegen noch Lavafontänen bis zu 60 Meter Höhe empor. Schließlich verstopfte eine der beiden Austrittsstellen, dafür stieg nun die Fontäne aus dem letzten Loch 200 Meter hoch auf. Nach einer Woche gleichmäßiger Dauertätigkeit erreichte sie zuletzt eine Höhe von 400 Metern, dann sank sie in sich zusammen.

Zwölf Tage nach dieser ersten Eruptionsphase regte sich der Kilauea Iki wieder. Erneut stieg ein 300 Meter hoher Lavastrahl auf. Der alte Einbruchskrater neben der Ausbruchsstelle wurde von dieser Lava überflutet. Ein 130 Meter tiefer, glühender Lavasee bildete sich.

Am 29. November 1959 erhob sich unter Donnergetöse noch einmal eine 600 Meter hohe Feuersäule. Die Menschen, die diesen Ausbruch miterlebten, waren so ergriffen, daß sie, laut einem Augenzeugenbericht, nur noch in feierlich gedämpftem Ton miteinander sprachen. Der Wind trug die glühenden, schaumigen Lavafetzen aus der Feuersäule hinaus, verbrannte den Wald und lagerte einen hohen, schwarzbraunen Schlackenhügel ab. Lavatropfen, die in der Luft erstarrten, fielen als gläserne Tränen zu Boden oder als langausgezogene Glasfäden, die man „Pelés Haar" nennt. In einem feurigen Strudel wurde der Lavasee in die Tiefe zurückgesaugt, soweit er nicht bereits auf dem Kraterboden zu einer festen Decke erstarrt war. Die Aufwölbung im Dach des Kilauea ging schon zu Beginn des Ausbruchs zurück, allerdings nicht mehr auf das alte Niveau.

Als Nachspiel der grandiosen Vorstellungen auf der Gipfelhochfläche des Kilauea folgte noch ein Ausbruch entlang dem East Rift. In kurzer Zeit brachen aus einer langen Spalte gewaltige Magmamassen hervor, die hangabwärts fluteten und schließlich das Meer erreichten. Auch damals wurden Zuckerrohrfelder, Orchideengärten, Papayaplantagen und Palmenhaine verbrannt und überrollt.

Auf der dünn besiedelten Insel Hawaii ist es immer wieder möglich, einen Lavastrom abzulenken. In den Jahren 1935 und 1942 ließ Th. A. Jaggar Lavaströme des Mauna Loa, die auf die Stadt Hilo zuflossen, vom Flugzeug aus bombardieren, und zwar so, daß der Schlackenwall, der sich an den erkaltenden Flanken jedes Lavastroms bildet, aufgerissen wurde. Die Lava floß aus, verteilte sich und kühlte ab. Selbst niedere Erdwälle, in aller Eile von Planierraupen aufgeworfen, können mitunter die dünnflüssige, hawaiianische Pahoehoelava ablenken.

Aus der aufgerissenen Spalte schießt der 1100 Grad Celsius heiße Glutfluß unter hohem Druck heraus.

Die Erstarrungshaut des Lavastroms legt sich in Falten, füllt sich und platzt beim Vorrücken immer wieder auf.

Der Halemaumau Trail führt vom Rand des Kilaueakraters hinab durch den Wald, hinaus auf die Lavafelder bis zum dampfenden Halemaumau in der Ferne.

Der Falsche Hirschgeweihfarn klettert wie eine Liane.

Gelber Ingwer blüht im Farnwald (links unten).

Farne gehören zu den Pionierpflanzen auf der erkalteten Lava.

HAWAII WÄCHST mit jedem Ausbruch. Die Insel wird höher, breiter, schwerer und drückt auf ihre Unterlage, die ozeanische Kruste. 48 Millimeter dellt sich die Erdkruste jährlich unter Hawaii ein. Ob die Insel mit ihrem gewaltigen Gewicht zusätzlich auf die Magmatube drückt und damit den Magmafluß verstärkt, ist nicht erwiesen, aber es wäre denkbar. Sicher ist nur, daß diese Absenkung bei den älteren Inseln zur Ruhe kommt. Die ältere Nachbarinsel Maui sinkt nur noch 1,7 Millimeter pro Jahr. Erst wenn sich die Pazifische Platte noch ein gutes Stück weiter nach Westen bewegt hat, wird sich auch Hawaii beruhigen und stabilisieren.

DER HALEMAUMAU TRAIL führt quer durch den Kilaueakrater. Als „the world's weirdest walk" preisen ihn die Prospekte an, als „der Welt unheimlichsten Pfad". Fürwahr ein herausfordernder Superlativ! Der Abstieg in den Krater ist ganz bequem. Man geht im Schatten der rotblühenden Ohia-Lehua-Bäume. Mächtige Farnbäume stehen im Wald. Gelber Ingwer und Bärlapp decken den Boden. Der Falsche Hirschgeweihfarn klettert an den Ohia-Bäumen hoch.
Rund 120 Meter unterhalb des Kraterrands erreicht man die Lavafelder. Jeder Schritt knirscht auf der glasharten Lava. Es ist trocken und heiß. Um so erstaunlicher ist es, daß gelbgrüne Rippenfarne in dieser Wüste Fuß fassen. Ihnen genügt schon eine schattige Ritze und ein Rest Feuchtigkeit vom letzten Regenguß. Alle Formen basaltischer Lava findet man hier: dicke, ineinander verdrillte Seile, elegant geraffte, anthrazitfarbene Lavatücher, glänzende, aufgeplatzte Säcke, aus denen zuletzt dicke Lavawülste herausquollen, und ganze Haufen übereinander geschobener Schollen.

HIER WOHNT PELE, die schöne, segensreiche, aber auch furchtbare Göttin der Vulkane. Sie schickt den Regen und den Wind und die glühende Lava. Sie bringt Leben und Tod. Schweine und Hunde opferte man Pele, um sie gnädig zu stimmen. Inzwischen sind die Menschen aufgeklärt. Nur wenn ein Lavastrom auf ihre Häuser zukriecht, bringen Aufgeklärte aller Hautfarben ihre Opfer zur Lava: eine Ananas, ein paar Bananen, eine Flasche Gin in einem Bananenblatt. Sicher ist sicher.
Zwei Stunden ist man unterwegs bis zum dampfenden Rund des Halemaumau. Ein grandioses Panorama: auf dem höchsten Punkt im Nordwesten das

Observatorium, im Norden das Vulcano House. Über dem zerbrochenen Kraterrand stehen weiße Dampffahnen. Im Osten der Krater des Kilauea Iki. Der glühende Lavasee im Halemaumaukrater ist verschwunden. Junge Lava von 1974 bedeckt seinen Boden.

MAUNA ULU UND PUU OO. In der Ferne, hinter dem östlichen Kraterrand des Kilauea, erhebt sich der 120 Meter hohe Mauna Ulu, ein ausgebrannter Schlackenkegel. 1970 gab es ihn noch auf keiner Karte. Aber von Mai 1971 bis Januar 1974 lieferte er eine Serie grandioser Ausbrüche: Lavafontänen, Lavaseen und Lavaströme, die das Plateau ringsum überfluteten und schließlich alte Krater auffüllten. Nie zuvor hatte man am Ostabhang des Kilauea einen Ausbruch erlebt, der in kurzer Zeit soviel Lava förderte. Übertroffen wurde der Mauna Ulu vom Puu Oo, einem Vulkan, der ebenfalls auf dem Spaltensystem des „Upper East Rift“ liegt.

Den Puu Oo, den „Singvogelberg“, gibt es seit Ende 1970. Wo jetzt der bald 300 Meter hohe Berg aufsteigt, war früher eine sanft nach Osten abfallende Ebene. Ende 1970 stieg Magma aus dem Erdmantel auf und bildete im Bereich des East Rift eine große Magmakammer. In mehreren Schüben folgte weiteres Magma. Bis heute ist der Puu Oo nicht zur Ruhe gekommen.

Am 25. Januar 1971 kommt es zu einem ersten, großen Ausbruch. Eine kilometerlange Spalte reißt hangabwärts auf. Heiße, dünnflüssige Pahoehoelava schießt aus der Spalte und bildet einen Feuervorhang. Die Lava fließt rasch abwärts, setzt den Wald in Brand und überrollt Plantagen. Am 8. April greift das Feuer auf die ersten Häuser über. Dann beginnt sich die Spalte zu schließen bis auf eine letzte Öffnung, aus der eine gewaltige Lavafontäne in den Himmel schießt. Der Schlackenberg des Puu Oo beginnt zu wachsen.

Später bildet sich unterhalb des Bergs ein glühender See. Weißglühende Lava spritzt aus den Spalten an seinem Rand. Zähe Lavadecken schieben sich übereinander und sinken, durch die Abkühlung schwerer geworden, in die Tiefe zurück. Aus dem Lavasee fließt ein breiter Strom hangabwärts bis in den Pazifik. Blaue Stichflammen brechen aus seiner Oberfläche: Holzgas vom verschwelenden Wald unter der Lava.

Schließlich erreicht die kilometerbreite Front der Lava das Wohngebiet der Royal Gardens. 50 Häuser

Dünnflüssige Pahoehoelava strömt kilometerweit zu Tal.

Die Lava hat den Wald erreicht.

Der Krater des Haleakala auf Maui ist vor allem durch die Erosion so groß.

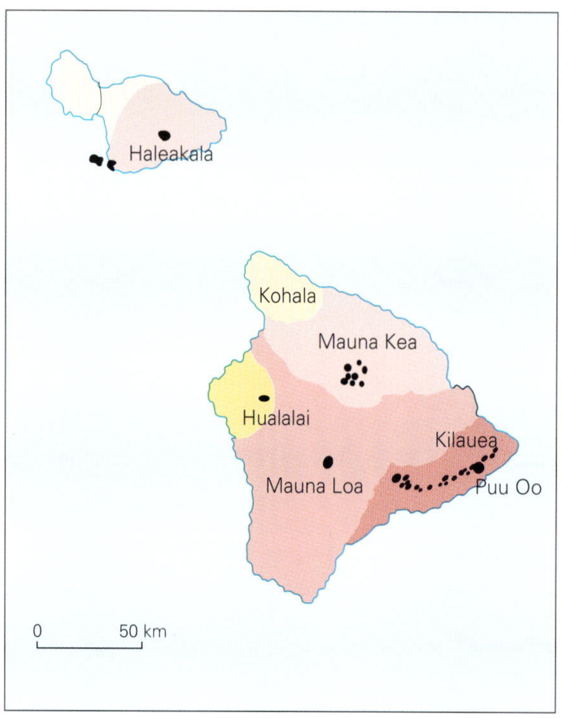

Die vulkanischen „Baueinheiten“ Hawaiis

brennen ab, obwohl die Menschen alles versuchen, um den Strom abzukühlen und abzulenken. Auf sechs Kilometer Breite wird die Hauptstraße überrollt. Schließlich erreicht der Glutfluß die Küste. Zäh wie Honig fließt er über die Steilkante. Wo er in breiter Front über den flachen Sandstrand vorrückt, schwebt er auf einem Dampfkissen wie ein wellenschlagender Teppich vorwärts. Immer wieder wird die Lava von Dampfexplosionen aufgerissen, um schließlich im kochenden Ozean unterzugehen.
Unter Wasser bildet basaltische Lava, wenn sie stark genug fließt, große runde Kissen, „pillows“ genannt. Sie erstarren an ihrer Oberfläche. Die Schale zieht sich nach den Gesetzen der Physik zusammen und wird prompt vom glühenden Kern des Kissens gesprengt. Eine Weile geht das Spiel zwischen Feuer und Wasser hin und her, dann hat das Wasser, die Kälte, gesiegt. Die Kissen rollen in die Tiefe, bis sie schließlich liegenbleiben; eine Lage aus Pillowlava hat sich gebildet. Wo immer man Pillowlava findet,

Ananas sind ein wichtiger Exportartikel der Hawaii-Inseln.

Zur beschwerlichen Ernte der stacheligen Früchte kommen viele College-studenten vom Festland. Am Abend surfen sie in der Brandung.

darf man sicher sein, daß sie im Wasser entstand, auch wenn der Fundort 1000 Meter hoch im Gebirge liegen sollte.

DER GEOLOGEN SCHLUSS. Die wissenschaftliche Auswertung des Ausbruchsverlaufs ergab eine Reihe von Auffälligkeiten:

- 44 Ausbruchsphasen folgten einander mit großer Regelmäßigkeit im Abstand von dreieinhalb Monaten bei einer maximalen Abweichung von 12 Tagen.
- Die Dauer der Ausbruchsphasen wurde von Mal zu Mal kürzer. Von anfänglich drei bis vier Tagen verringerte sich die Dauer zuletzt auf weniger als einen Tag.
- Die ausfließende Lavamenge stieg im Verlauf der Ereignisse ständig an, von 110 000 auf 1 400 000 Kubikmeter pro Stunde.
- Die Zusammensetzung der Lava des Puu Oo entspricht der des Kilauea.

Die Magmakammern von Kilauea und Puu Oo stehen offenbar in direkter Verbindung miteinander. Der Aktivitätsrhythmus des Puu Oo erinnert an den eines Geysirs. Druckschwankungen in der größeren Magmakammer des Kilauea sind die Ursache dafür. Erst wenn im Kilaueaherd ein gewisser Druck überschritten wird, wird das Magma von dort in den Herd des Puu Oo gedrückt. Als Folge davon steigt dann aus dem Puu Oo eine Lavafontäne auf.

Diese Analyse hat der amerikanische Geologe Richard W. Hazlitt in seinem „Field Guide“ des Kilauea dargelegt.

Ein einfacheres Geysirmodell geht davon aus, daß durch Druckentlastung in einer großen, wahrscheinlich gemeinsamen Magmakammer Gase in großer Menge aus dem Magma freigesetzt werden. Sie liefern den Druck für die Fontäne. Die Lavafontäne des Puu Oo erreichte 1983 und 1985 eine Höhe von 460 Metern. Zum Vergleich: Der Turm des Ulmer Münsters ist 161 Meter hoch.

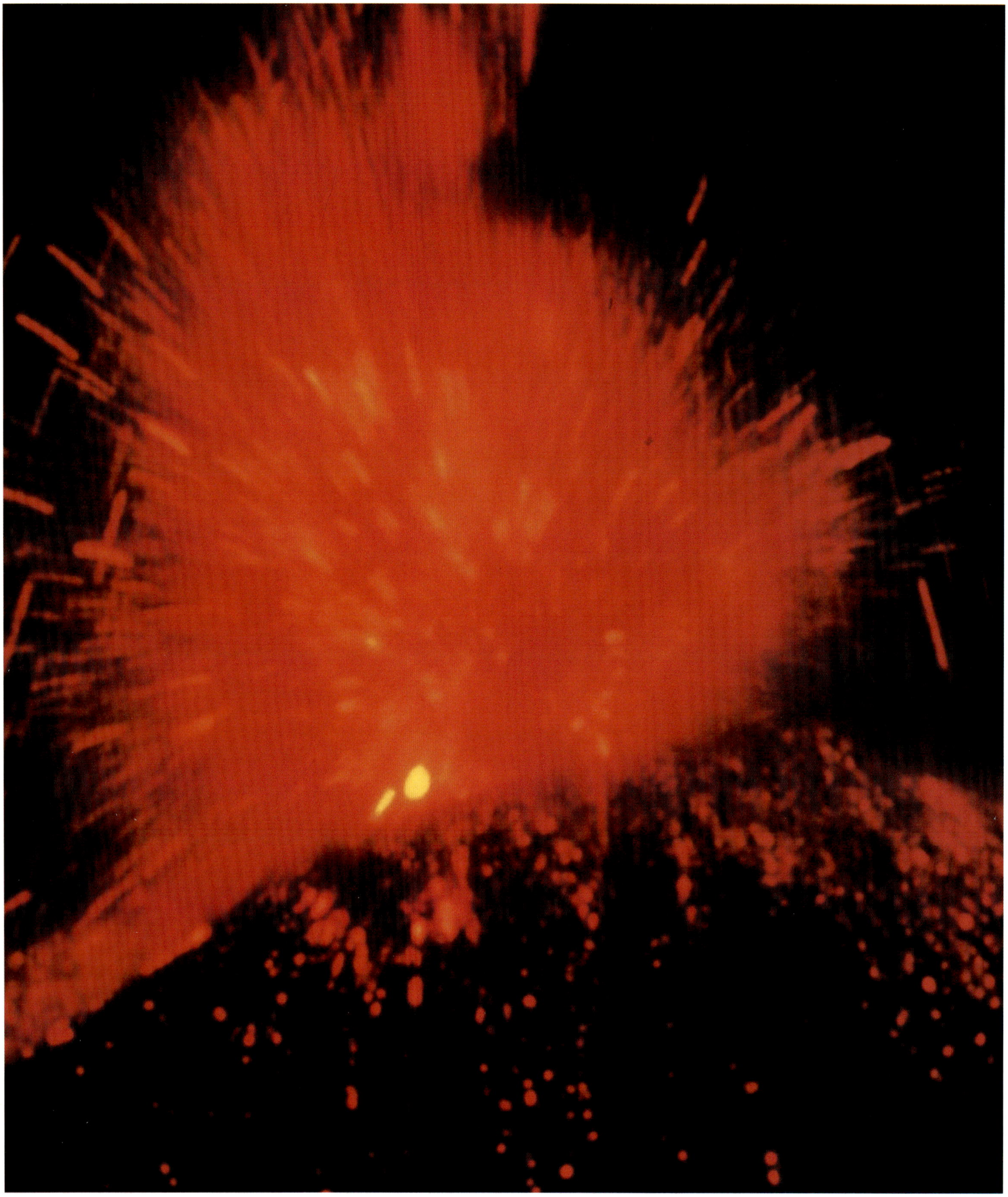

Langzeitbelichtung ist das Geheimnis solcher auf den ersten Blick imponierender „Feuerwerksbilder“ (links). Zwar lassen sie die Flugbahnen von Lavafetzen erkennen, das Geschehen selbst aber wird übersteigert und damit effekthaschend verfremdet.

Kokospalmen an der Küste verglühen an der Lavafront.

BUCKELWALE IM THERMALBAD. Einen Tag und eine Nacht sang der Wal. Die tiefsten Töne seiner dröhnenden Stimme ließen das Meer ringsum erbeben, so wie die Luft in der Kathedrale unter den Tiefen der Orgelbässe erbebt. Mit geschlossenen Augen, Kopf nach unten stand das Walmännchen fast bewegungslos im Wasser, ganz und gar seinem Gesang hingegeben. Wer möchte das nicht miterleben?
„Whale Watching“ ist für Hawaiibesucher deshalb fast ein Muß. Die Buckelwale kommen hierher, um ihre Jungen zur Welt zu bringen und um sich zu paaren. Einst wurden sie gnadenlos gejagt, jetzt sind sie die Lieblinge der Beobachter.
Als ich vor einiger Zeit mit einem der bekanntesten Walbeobachter des Hawaiiarchipels, Gregory Dean Kaufman, im Meer zwischen den Inseln Maui, Lanai und Molokai kreuzte, um Buckelwale zu filmen, konnten wir am Ende nur fein säuberlich registrieren, daß wir an diesem Tag keinen einzigen Wal gesehen hatten. Warum dies so war, blieb uns ein Rätsel, bis uns berichtet wurde, daß an diesem Tag auffällig viele Buckelwale östlich der Insel Hawaii zu beobachten gewesen waren. Dort hatte sich ein untermeerischer Vulkanausbruch ereignet.
Ob die Wale einfach neugierig waren oder ob sie ein Thermalbad besuchten, um mit dem schwefelwasserstoffhaltigen Wasser ihre Hautparasiten loszuwerden? Beides ist denkbar.
Die Bilder sind eindrucksvoll. Wale im Meer zwischen Maui und Molokai vor dem Hintergrund der uralten Vulkane. Das Geschlecht der Wale ist älter als die Inseln. Schon vor 50 Millionen Jahren, als noch nicht einmal Midway, ganz im Westen der Sandwich-Inseln existierte, lebten die Vorfahren der Wale.

La Réunion und Mauritius – Inseln auf dem heißen Fleck

IN DER WEITE DES INDISCHEN OZEANS blieben die Inseln bis in das 16. Jahrhundert hinein unentdeckt. Phönizische, ägyptische und malaiische Seefahrer bemerkten sie vielleicht, sicher überliefert ist dies aber nicht. Arabische Händler erreichten das 700 Kilometer weiter westlich gelegene Madagaskar. Ihnen dürften wohl auch die Inseln im offenen Ozean nicht verborgen geblieben sein. Im 12. Jahrhundert berichteten sie von einer Feuerinsel im südlichen Meer. Auf der Weltkarte des Portugiesen Alberto Cantino von 1502 sind zwei Inseln, „Dina Mozare" und „Dina Arobi", östlich von Madagaskar eingetragen. Um 1507 wurden sie dann von portugiesischen Ostindienfahrern entdeckt. Der Kapitän Don Pedro Mascarenhas erreichte die Inseln zwischen 1512 und 1516. Nach ihm werden sie, zusammen mit der kleineren Insel Rodrigues, als „Maskarenen" bezeichnet.

DIE ERSTEN HOLLÄNDISCHEN SIEDLER kamen um 1638. Sie brachten den Zuckerrohranbau und Sklaven mit und ruinierten die angestammte Pflanzen- und Tierwelt. Zu Ehren ihres Statthalters, des Prinzen Moritz von Nassau, nannten sie ihre Insel Mauritius. Um 1710 zogen sich die Holländer von Mauritius zurück und überließen die Insel Seeräubern und den Franzosen. Die französischen Besatzer machten mit den Piraten kurzen Prozeß. Das hinderte sie aber nicht daran, selbst die Handelsschiffe der englischen Ostindienflotte anzugreifen: Ihre leichten, schnellen und stark bewaffneten Segelschiffe, „Corsaires" genannt, schadeten England zwar sehr, doch der Erfolg der Franzosen war nicht von langer Dauer. Die Briten landeten um 1810 mit einem zehntausend Mann starken Expeditionscorps und eroberten Mauritius.
Frankreich blieb die gebirgige Insel, die schon 1792 zu Ehren der französischen Revolutionssoldaten von „Ile Bourbon" in „La Réunion" umgetauft worden war. Später hieß sie für kurze Zeit „Ile Bonaparte". Als dann der gestürzte Imperator auf Sankt Helena saß, wurde sie wieder zur „Ile Bourbon". Mit dem

Niedergang der Bourbonen wurde schließlich der Name „La Réunion" wiederentdeckt. Dabei ist es bis jetzt geblieben. Seit 1946 ist La Réunion ein französisches Überseedepartement. Mauritius erlangte 1968 die politische Selbständigkeit als Republik.

DODOS ENDE. Die Versorgungsstrategie der Seefahrer und die Besiedlung der Inseln wirkten sich auf die einheimische Tier- und Pflanzenwelt verheerend aus. Schon die Portugiesen setzten Ziegen und Schweine als Frischfleischreserve aus. Natürlich jagten sie auch, was zu jagen war, vor allem die Landschildkröten, die farbenprächtigen Papageien und den sagenhaften Dodo, auch Dronte genannt, den großen, pflanzenfressenden, flugunfähigen Vogel.
Die ausgewachsenen Dronten wanderten in die Töpfe der Holländer. Die Brut des zutraulichen Vogels wurde von den eingeschleppten Hunden und Ratten gefressen. Da die Dodos nur ein Ei im Jahr legten, weil sie auf der Insel keine natürlichen Feinde hatten, war es um den Nachwuchs bald geschehen. Nach wenigen Jahrzehnten war der Dodo bereits ausgerottet. Zuletzt wurde um 1681 von ihm berichtet. Der weiße „Solitaire" von Rodriges, ebenfalls eine Dronte, hielt sich etwas länger,

Mauritius ist ebenfalls als Vulkaninsel entstanden. Ein Korallenriff umgibt heute die Insel.

La Fournaise auf La Réunion ist einer der aktivsten Vulkane der Welt. Dünnflüssige Lava schießt aus den Eruptionsspalten (links).

Der Dodo ist unwiederbringlich verloren.

Zahllose Lavaschichten bauen die Insel auf. Der alte Vulkan wird allmählich abgetragen. An den widerstandsfähigsten Lavadecken bilden sich zahllose Wasserfälle.

Auf den Bergen hat sich der alte Wald mit Tamarinden und Palmen erhalten.

aber gegen Ende des 18. Jahrhunderts war es auch um ihn geschehen.

Die großen, wehrlosen Elefantenschildkröten, schwerfällige Landbewohner, wurden als lebender Proviant auf die Schiffe gebracht und verschwanden genauso in den Kombüsen wie die Seekühe aus den Küstengewässern.

Die Wälder der Maskarenen mit ihrem Eisen- und Ebenholz fielen weithin der Axt zum Opfer. Vom alten Urwald sind auf Mauritius nur noch letzte Reste vorhanden. Auf dem gebirgigen, weniger zugänglichen La Réunion bedeckt der ursprüngliche Wald immerhin noch 40 Prozent der Landoberfläche.

EIN ERLOSCHENER VULKAN bildet den nordwestlichen Teil der Insel La Réunion. Wo der Südostpassat die Brandung gegen die Klippen treibt, steigt die Insel mit steilen Flanken aus dem Ozean auf. Die Küste im Windschutz der Berge ist flacher; dort liegen, im Schutz eines Korallenriffs, die sandigen Badestrände.

Die höchste Erhebung des alten Vulkans ist der Piton des Neiges. Er steigt 3069 Meter hoch auf und ist damit höher als die Zugspitze. Von seinem Gipfel aus sieht man Mauritius am fernen Nordosthorizont.

Geologisch gesehen ist die Insel jung. Vor fünf Millionen Jahren begann sich der „Réunion-Vulkan" auf dem Meeresgrund in 4000 Meter Tiefe zu regen. Vor zwei Millionen Jahren wuchs er über den Meeresspiegel hinaus. Zuletzt hatte er einen Durchmesser von 50 Kilometern und war wohl 500 Meter höher als heute. Wind und Wetter haben seither kräftig an ihm genagt.

Die ältesten Teile dieses mächtigen Vulkanmassivs bestehen vor allem aus dunklem Basalt, dem Erstarrungsgestein aus heißer, dünnflüssiger Lava. Bei jedem Ausbruch wuchs die Insel Lage um Lage. Die riesigen Lavamengen, die dafür nötig waren, lieferte, wie auch auf Hawaii, eine Aufschmelzzone im oberen Erdmantel: ein heißer Fleck, ein Hot Spot.

Vor etwa 300 000 Jahren wurde die Lava kieselsäurereicher und damit zähflüssiger, und die Ausbrüche explosiver. Aus jener Zeit stammen auch mächtige Ablagerungen von Gluttuffen. Sie wurden aus glühendheißen Eruptionswolken abgesetzt.

DIE HOHEN NIEDERSCHLÄGE während der regenreicheren Zeit von Dezember bis Februar und die Wassermassen, die die Wirbelstürme, hier Zyklone genannt, über der Insel abladen, haben den

Piton de la Fournaise heißt die Gipfelcaldera des neuen Vulkans.

Um die Ausbruchsöffnung hat sich ein Schlackenkegel gebildet.

alten Vulkan tief zerfurcht. Immerhin gehen im Osten von La Réunion mehr als 6000 Millimeter Regen im Jahr nieder. An manchen Tagen fallen bis zu 1000 Millimeter. Im Vergleich dazu bringt es Frankfurt am Main gerade auf 655 Millimeter im Jahr. Drei große Erosionskessel wurden im zentralen Teil der Insel ausgeräumt: Cirque de Mafate, Cirque de Cilaos und Cirque de Salazie werden sie genannt.

LA FOURNAISE. Ein neuer Vulkan tauchte am südöstlichen Inselrand auf, als es mit dem alten Vulkan zu Ende ging. Er hat sich inzwischen zu einem höchst aktiven Feuerberg, der 2632 Meter hohen La Fournaise, entwickelt. Kaum daß ein Jahr ohne heftige Ausbrüche vergeht. Die Gipfelregion dieses Berges weist neben Ausbruchskratern auch gewaltige Einbruchkessel, sogenannte Calderas, auf.
Im Zentrum der Caldera de Enclos liegt der verhältnismäßig flache Gipfelbereich des Piton de la Fournaise. Die beiden Krater, der höhergelegene Le Bory und der tieferliegende, größere Dolomieu, sind mit Unterbrechungen bis heute tätig. Inzwischen haben sich die vulkanischen Ereignisse mehr und mehr an die Flanken des Piton verlagert. 97 Prozent aller Eruptionen ereigneten sich in den letzten 200 Jahren innerhalb der Caldera de Enclos, meist erfolgten sie an radialen Spalten, die von der Gipfelregion bis zum Meer hinab aufrissen.
Ganz ähnlich wie auf Hawaii beginnen auch die Ausbrüche auf La Réunion meist an aufreißenden Spalten. Sie bilden sich, wenn große Mengen von Lava aus der Tiefe aufsteigen und den Berg aufwölben. An solchen Spalten kommt es zu Eruptionen, bei denen die hochschießende Lava kilometerlange Feuervorhänge bilden kann. Engt sich die Aktivität auf kürzere Abschnitte der Spalte ein, gerät die Lava unter stärkeren Druck. Lavafontänen steigen in die Höhe auf. Die herabfallenden, glutheißen Lavafetzen bauen einen Ringwall auf, der zu einem Vulkankegel heranwachsen kann.
Feurige Bäche und Ströme ziehen den Hang hinab, oft bis zum Meer. Dabei erreicht die Lava Geschwindigkeiten von 80 Kilometern in der Stunde. Fast lautlos verschluckt das Meer die glühende Schmelze. Mächtige Dampfwolken säumen dann den Strand. In jüngster Zeit werden die küstennahen Ausbrüche häufiger. Auch die wachsende vulkanische Aktivität im Meer vor der Insel deutet darauf hin, daß sich das vulkanische Zentrum von La Réunion weiter nach Südwesten verlagert.

Die Küste von Mauritius ist dicht besiedelt. Auf den Flächen dehnen sich Zuckerrohrfelder. Ursprüngliche Natur hat sich allenfalls an den Bergen und in den sumpfigen Flußniederungen erhalten.

Der Trou aux Cerfs wurde vor rund 100 000 Jahren ausgesprengt.

Es dauert lange, bis auf der erkalteten basaltischen Lava wieder Pflanzen wachsen.

DIE SPUR DES HEISSEN FLECKS. La Réunion liegt auf der Afrikanischen Platte und driftet mit ihr etwa einen Zentimeter pro Jahr über den heißen Fleck in nordöstlicher Richtung. Diese Bewegungsrichtung der Afrikanischen Platte ist alt, offenbar auch der Hot Spot in der Tiefe. Alles spricht dafür, daß er vor acht Millionen Jahren unter der Insel Mauritius lag. Zu dieser Zeit gab es auf Mauritius aktive Vulkane wie heute auf La Réunion. Die letzte Eruption ereignete sich noch vor 100 000 Jahren. Damals wurde der Krater des Trou aux Cerfs wie ein Maar durch eine Dampfexplosion ausgesprengt. Seither herrscht Ruhe.

Von der alten Vulkanherrlichkeit der Insel Mauritius ist nur noch wenig zu sehen. Die bizarren Bergspitzen, die über die weiten Ebenen aufragen, sind kaum höher als 800 Meter. So wie Mauritius heute wird La Réunion in ferner Zukunft aussehen. Von Mauritius wird dann nur noch ein ringförmiges Korallenriff übrig sein und ein untermeerischer Vulkanstumpf, ein „Seamount".

LAVAFLUT IN INDIEN. Vor 65 Millionen Jahren lag der heiße Fleck unter Südwestindien. Geht man davon aus, daß er seinen Platz im Erdmantel nicht

verändert hat, lag Indien damals geographisch an derselben Stelle, an der sich später Mauritius befand und wo heute La Réunion liegt.
Auf der indischen Landmasse kam es zu ungeheuren Lavafluten, nachdem sich über dem Hot Spot ein tiefgreifendes Spaltensystem, ein „Rift“, gebildet hatte. Innerhalb von 500 000 Jahren – das ist geologisch gesehen keine allzulange Zeitspanne – wurden rund 100 000 Quadratkilometer Landoberfläche vielfach von glühendem Basalt überflutet. Im Hochland von Dekkan sind diese Lavadecken mit einer Gesamtmächtigkeit von 1000 bis 2000 Meter bis heute landschaftsbestimmend. Kunstreiche Steinmetze haben aus dem harten, widerstandsfähigen Basalt große Tempel und buddhistische Klöster herausgemeißelt.

LEBEN MIT DEM VULKAN. Im Küstenbereich von La Réunion werden Siedlungen und Straßen unterhalb der Fournaise immer wieder durch Lavaströme bedroht. Oben am Hang setzen sie häufig den Wald in Brand.
Die großen Lavamassen erkalten und erstarren nur langsam. Noch lange nach dem Ausbruch steigt weißer Dampf aus ihnen auf. Jahre vergehen, bis graue Flechten und anspruchslose Rippenfarne auf der erkalteten Lava Fuß fassen. Die vielgerühmte Fruchtbarkeit vulkanischer Böden stellt sich erst nach Jahrzehnten ein. Dann hat sich auch soviel Boden gebildet, daß der Wald wieder auf die verwitternde Lava vorrücken kann.
Auf den Klippen am Meer kommt lange kein Pflanzenwuchs auf. Die salzige Gischt poliert die Oberfläche der alten Lavaströme mit all ihren Rissen und Runzeln, die zu Falten zusammengeschobene Lavahaut und die mattglänzenden Fladen. Die starke Brandung drückt das Meerwasser in alle Spalten und Höhlen der Steilküste. Mit mächtigem Strahl schießt es aus dem Dach einer Brandungshöhle. Souffleur wird dieser Brandungsgeysir genannt.
Wer im Straßencafé von Saint Denis ein Vanilleeis bestellt, hilft der Landwirtschaft von La Réunion, denn Milch, Zucker und Vanille werden auf der Insel produziert. Am Fuß der großen Berge verdrängt das Zuckerrohr den Urwald. Zwei Drittel der Anbaufläche sind von ihm bedeckt. Rund 250 000 Tonnen Zucker sind die Jahresproduktion. Um 1848 schufteten noch 60 000 rechtlose Sklaven auf den Plantagen. Heute leben immerhin 20 000 Saisonarbeiter von der Zuckerrohrernte.

Le Souffleur ist ein berühmter Brandungsgeysir an der Küste von La Réunion.

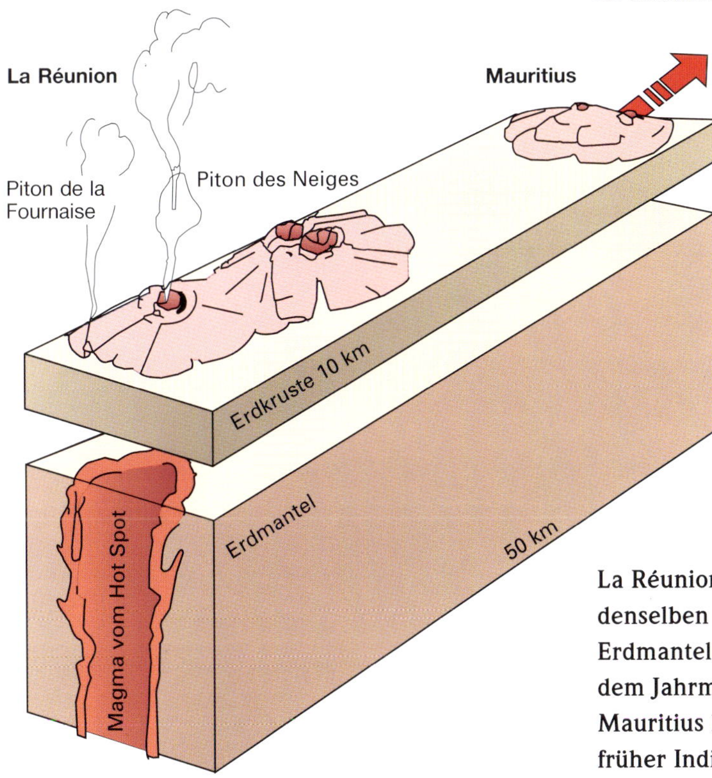

La Réunion wandert über denselben Hot Spot im Erdmantel hinweg, über dem Jahrmillionen früher Mauritius lag und noch früher Indien.

Der Calumetbambus gehört zu den Pflanzen, die nur auf La Réunion vorkommen.

Die Vanilleorchidee wächst nur scheinbar wild im Wald. Sie ist eine wichtige Kulturpflanze auf La Réunion.

Manches Waldstück erweist sich als Vanilleplantage. Die Vanilleorchidee wurzelt im Boden und rankt sich an den Bäumen empor. Die Fruchtknoten der weißblütigen Orchidee wachsen zu langen, grünen Schoten heran. Aus 80 Tonnen frischer Schoten bekommt der Pflanzer 25 Tonnen getrocknete Vanillestangen. Bourbon-Vanille ist natürlich vom Feinsten. Die Nachfrage steigt.
Auf La Réunion müssen die Orchideen künstlich bestäubt werden, weil es dort keine Kolibris gibt wie in Mexiko, der Heimat dieser wertvollen Pflanzen. Dem Sklaven, der einst die künstliche Befruchtung der Vanille entwickelte, wurde zum Dank die Freiheit geschenkt.

HÖHER IN DEN BERGEN werden Geranien für die Parfümindustrie kultiviert. Ab 1200 Meter beginnt auch heute noch der Wald. Die obere Waldgrenze liegt bei 2000 Metern. Viele Pflanzen, die in diesem Wald wachsen, sind endemisch, das heißt, daß es sie nur auf La Réunion gibt. Der Calumetbambus und die Höhentamarinde, ein Akaziengewächs, sind solche Endemismen. Die widerstandsfähigen Tamarindenbäume werden inzwischen planmäßig gepflanzt, um Holz zu gewinnen, aber auch, um die Abschwemmung des Bodens zu verhindern. Auf den baumlosen Höhen blüht im Frühjahr der gelbe Bergginster. Manchmal schneit es dort oben auch, allerdings hält der Schnee nie länger als einen Tag.
Bei Maido öffnet sich der gewaltige Talkessel des Cirque de Mafate. Tausend Meter hohe, oft senkrechte Wände umfassen ihn. Die Aussicht ist alpin: Schluchten und Felsen, Wasserfälle und Berginseln, einige wenige Gehöfte und kleine Siedlungen. Ein Paradies über dem tropischen Ozean, das sind die Berge von La Réunion für Hochgebirgswanderer.

Die höchste Erhebung des alten Vulkans auf La Réunion erreicht 3069 Meter. Dort oben kann es gelegentlich schneien.

Geologie aus der Luft. Das Team dafür kann nicht klein genug sein: Isolde und Ernst Waldemar Bauer auf La Réunion.

Von Maido geht der Blick in den Talkessel des Cirque de Mafate.

Inferno am Mount St. Helens

Ein Vulkanriese mit eisigem Gipfel, ebenmäßiger noch als der Mount Rainier in der Ferne, war der Mount St. Helens, bevor sein Gipfel am 18. Mai 1980 zerbarst und vulkanische Gewalt das Land ringsum verwüstete.

„I'LL NEVER LEAVE!" sagte Harry Truman in seinem letzten Interview mit den Reportern eines Rundfunksenders. „Ich werde nicht gehen!" Der 83jährige Harry Truman blieb in seiner Lodge am Ufer des zauberhaft blauen Spirit Lake am Fuße des Mount St. Helens. Dabei zitterte der Berg seit Tagen unter heftigen Beben.

Am 22. März 1980 registrierte der U. S. Geological Survey ein Beben der Stärke 4,3. Am 27. März signalisierte eine Dampfexplosion im Eis der Gipfelregion, daß der Berg aktiv geworden war. Weißer Dampf und bald auch dunkle Schwaden mit vulkanischem Lockermaterial quollen in dicken „Blumenkohlwolken" aus dem Krater. Mit hellem Krachen flogen Felsbrocken aus dem Krater hinauf zum schneebedeckten Gipfel. Ein beständiger Westwind trug die Asche nach Osten.

Der Spirit Lake blieb klar und zauberhaft wie eh und je. In seinem Wasser spiegelte sich der majestätische 3143 Meter hohe Vulkan mit seinem strahlend weißen Schnee- und Eisgipfel. Im See kräuselten sich die Wellen. Zwar war die drohende Aschenwolke zu sehen, aber Harry Truman blieb in seiner Lodge, ob aus Überzeugung, aus Trotz oder gar, weil er den Journalisten sein Wort gegeben hatte. Niemand weiß es wirklich.

Noch war ein Filmteam aus Seattle am Berg. Es biwakierte im Eis am Gipfel und lieferte ein eindrucksvolles Dokument der sich steigernden Aktivität. In meiner Sendung über den Mount St. Helens konnte ich diese letzten Bilder vom Gipfel des Vulkans zeigen.

Harry Truman blieb in seiner Lodge am See. Er und sechzig andere weigerten sich, der Aufforderung des Gouverneurs des Staates Washington Folge zu leisten und das Gebiet am Vulkan zu räumen. Sie starben am Morgen des 18. Mai 1980.

INFERNO. Friedlich lag der Berg in der frühen Morgensonne dieses Maitages. Ohne besondere Vorzeichen wölbte sich seine Nordflanke auf, schien einen Augenblick stillzustehen, um dann mit rasch wachsender und schließlich rasender Geschwindigkeit

Der 400 Meter hohe Gipfel wird weggesprengt.

Zwei Millionen Vögel, Fische und Säugetiere vernichtete der Ausbruch. Täler und Seen wurden zerstört, die Wälder zerfetzt, verbrannt und wie durch einen Tornado weggeblasen.

Der Krater des Mount St. Helens ist nach Norden aufgerissen, ein neuer Dom aus glühender, zäher Lava beginnt sich in der Kratermitte aufzuwölben. Auch dieser Lavadom wird später explodieren.

abzurutschen, getrieben von Dampf und gespannten vulkanischen Gasen. Aus allen Klüften und Fugen der gesprengten Bergflanke quollen schwere, mit Gestein und vulkanischer Asche beladene Wolken. Die riesige Schuttlawine raste, gefolgt von einer Glutwolke, weit nach Norden ins Vorland. Die schwarze Aschenwolke erhob sich wie eine geballte Faust über das Inferno.

Binnen weniger Sekunden hatte der Mount St. Helens auch seinen Gipfel verloren. Mehr als zwei Kubikkilometer Gestein waren zusammen mit vulkanischer Asche in die Luft geflogen oder abgerutscht. Die Glutwolke hatte den Wald nördlich des Berges noch 13 Kilometer entfernt umgelegt und verbrannt. Unter den heißen, vulkanischen Trümmern am Berg schmolzen Schnee und Eis. Die Schmelzwasserflut führte zu verheerenden Schlammströmen, die nach allen Seiten in die Täler stürzten und mit Urgewalt Bäume, Straßen, Brücken und Häuser mit sich rissen. Schließlich senkte sich vulkanischer Staub aus der dunklen Wolke über das ganze Land. Es wurde Nacht im Staate Washington.

Die Aschenwolke stieg schließlich bis zu 20 Kilometer hoch auf. Nach vier Tagen erreichte sie die Ostküste Amerikas. Dreimal umkreiste sie die Erde.

So schlimm dieser letzte Ausbruch des Mount St. Helens auch war, er war keiner der ganz großen und gewiß nicht der letzte. Denn dieser Vulkan ist seit Jahrtausenden aktiv.

DAS SCHÖNE MÄDCHEN. Den indianischen Stämmen, die früher in diesem Gebiet siedelten, war die vulkanische Natur dieses Berges, aber auch der anderen Eisriesen des Kaskadengebirges, wohl bekannt. So nannten sie den St. Helens „Tah-one-lat-clah“, Behüter des Feuers. Die Leute vom Klickitat-Stamm erzählten die Geschichte der beiden Häuptlinge, Pahoto und Wyeast, die dasselbe schöne Mädchen liebten. Sie mochte sich aber weder für den einen noch für den anderen entscheiden. So kam es zum Kampf zwischen den Männern. Die streitenden Helden legten Feuer und schleuderten glühende Felsbrocken über den großen Fluß gegeneinander. Sie ließen die Erde erzittern und verwüsteten das Land. Der „Große Geist“ beendete den Streit: Er verwandelte die beiden Häuptlinge in zwei Berge, die von nun an über den Fluß zu wachen hatten. Wyeast wurde zum Mount Hood, Pahoto zum Mount Adams. Das schöne Mädchen aber wurde der liebliche Mount St. Helens.

Ein „Steckbrief“ des Mount St. Helens, wie er aus den Ablagerungen rund um den Berg erstellt werden konnte:

Jahr	*Art der Aktivität*
1980	Tephraeruption, Glutwolke, Lava, Schlammströme
1857	Glutwolken, Lava
1800	Glutwolken, Schlammströme
1700	Glutwolken, Gipfeleruption, Schlammströme
1500	Glutwolken, Asche
1400	Lavaströme, Glutwolken
1300	Gipfeleruption
900	Asche
400	Asche, Glutwolken, Schlammströme
200	Asche, Glutwolken
100	Lava
0	Glutwolken
300	Glutwolken, Asche, Schlammströme, Lava
1000	Wiederholte Eruptionen, gewaltige Glutwolken, Asche, Schlammströme
2500	Ausbrüche mit Glutwolken
6500	ohne nennenswerte Aktivität

Die Explosion des Lavadoms im St.-Helens-Krater steht kurz bevor.

Der Mount Shasta steigt 4317 Meter hoch auf. Er zählt, ebenso wie der kleinere Shastina, zu den besonders gefährlichen Vulkanen.

Der nördlichste Feuerberg in der langen Reihe der Kaskadenvulkane ist der 2678 Meter hohe Mount Garibaldi in Kanada.

GROSSARTIG, ABER GEFÄHRLICH. Majestätisch überragen die eisgepanzerten Vulkanriesen das Kaskadengebirge vom Lassen Peak im nördlichen Kalifornien bis zum Mount Garibaldi in Kanada. Der Mount Rainier steigt aus dem Tiefland auf 4392 Meter auf. Die Berge ringsum, die immerhin die Höhe des Schwarzwaldes erreichen, läßt er weit unter sich.

Im 20. Jahrhundert war außer dem Mount St. Helens nur der Lassen Peak aktiv. Doch die Ruhe im Kaskadengebirge ist trügerisch. Zwei Menschenalter früher warfen auch der Mount Rainier und der ganz im Norden der USA liegende Mount Baker Tephra aus. Auch der Mount Hood ist alles andere als erloschen. Der von Schwefeldampf umwehte Doppelgipfel des Mount Shasta gilt als besonders gefährlich. Die amerikanischen Vulkanologen rechnen ihn zu ihren unsichersten Kantonisten. Er ist schon deshalb so gefürchtet, weil er nicht weit von besiedeltem Gebiet liegt. Nordwestlich des Shastagipfels erhebt sich ein zweiter, deutlich jüngerer Vulkankegel: der Mount Shastina. Er ist von einem Wall von Blocklava umgeben. Heiß ist derzeit nur der Shasta selbst. Alle Vulkane des Kaskadengebirges werden ständig überwacht.

Der amerikanische Geologe Steffen L. Harris beschreibt in einem fiktiven Bericht einen möglichen Ausbruch des Mount Shasta: Erdbeben kündigen die Katastrophe an. Die Regierung verordnet Evakuierung. Die Fremdenverkehrsindustrie versucht, ein Skifestival zu retten. Anhänger einer Weltuntergangssekte weigern sich, den Berg zu verlassen. Da erhebt sich eine riesige, schwarze Wolke über dem Shasta. Eine Katastrophe bahnt sich an . . .

DER CRATER LAKE. Tiefblau liegt der kreisrunde See in stiller Schönheit 2000 Meter hoch über dem Meer. Mehr als 600 Meter tief ist der Crater Lake. Genauso hoch ist das Steilufer, das ihn umschließt. Im See liegen drei Inseln. Eine von ihnen, die größere, trägt einen Vulkankegel.

Wo heute ein See liegt, gab es bis vor 6600 Jahren einen gewaltigen Vulkan, den Mount Mazama. Seinen Namen sucht man allerdings vergeblich auf der Landkarte; es gibt ihn nicht mehr. In den geologischen Tabellen ist er allerdings vertreten. Sein letzter Ausbruch nimmt dort eine Spitzenstellung ein. Der Mount Mazama war um die 4000 Meter hoch, vielleicht sogar noch höher. Eis bedeckte seinen Gipfel, und an seinen Flanken lagen Gletscher.

Das „Phantom Ship", das „Geisterschiff", im Südosten des Crater Lake ist der Rest einer Spaltenfüllung des explodierten Mount Mazama.

Am Außenhang des Walls um den Crater Lake hat das Wasser „Pinnacles", hohe Erdpyramiden, aus dem vulkanischen Tuff des Mazama-Ausbruchs herauspräpariert. Größere Trümmerstücke schützen die Tuffsäulen vor der Abtragung.

MAZAMA ist ein indianischer Name. Seine Gefährlichkeit schienen die Indianer nicht zu kennen. Sie wurden von der Eruption überrascht; man fand ihre Skelette und Werkzeuge unter der Asche. Der Aschenteppich, den der Ausbruch hinterließ, erstreckt sich in nordöstlicher Richtung bis ins heutige Kanada. 600 Kilometer entfernt ist die vulkanische Asche vom Mount Mazama noch bis zu 30 Zentimeter dick.
Daß es sich bei dieser Aschendecke um Material vom Mazama-Ausbruch handelt, läßt sich mit Sicherheit sagen. Man kennt den Anteil bestimmter Mineralien an bestimmten Aschen, außerdem die unterschiedliche Lichtbrechung der vulkanischen Gläser jeder Asche. Zusammengenommen ergeben diese beiden Meßgrößen einen unverwechselbaren „Fingerabdruck" für jede Aschenlage. Schon wenige Kubikzentimeter genügen zur Identifizierung. Man kann Herkunft und Alter bestimmen, aber auch berechnen, wie heftig der damalige Ausbruch gewesen sein muß, von dem die jeweilige Asche stammt. Die amerikanischen Wissenschaftler Williams und Goles kamen für den Mount Mazama auf gewaltige

Vom Gipfel des mehr als 4000 Meter hohen Mount Mazama blieb als Rest der Calderarand des Crater Lake. Inzwischen erhebt sich der junge Vulkan von Wizzard Island über den Seespiegel. Der Wiederaufbau hat begonnen.

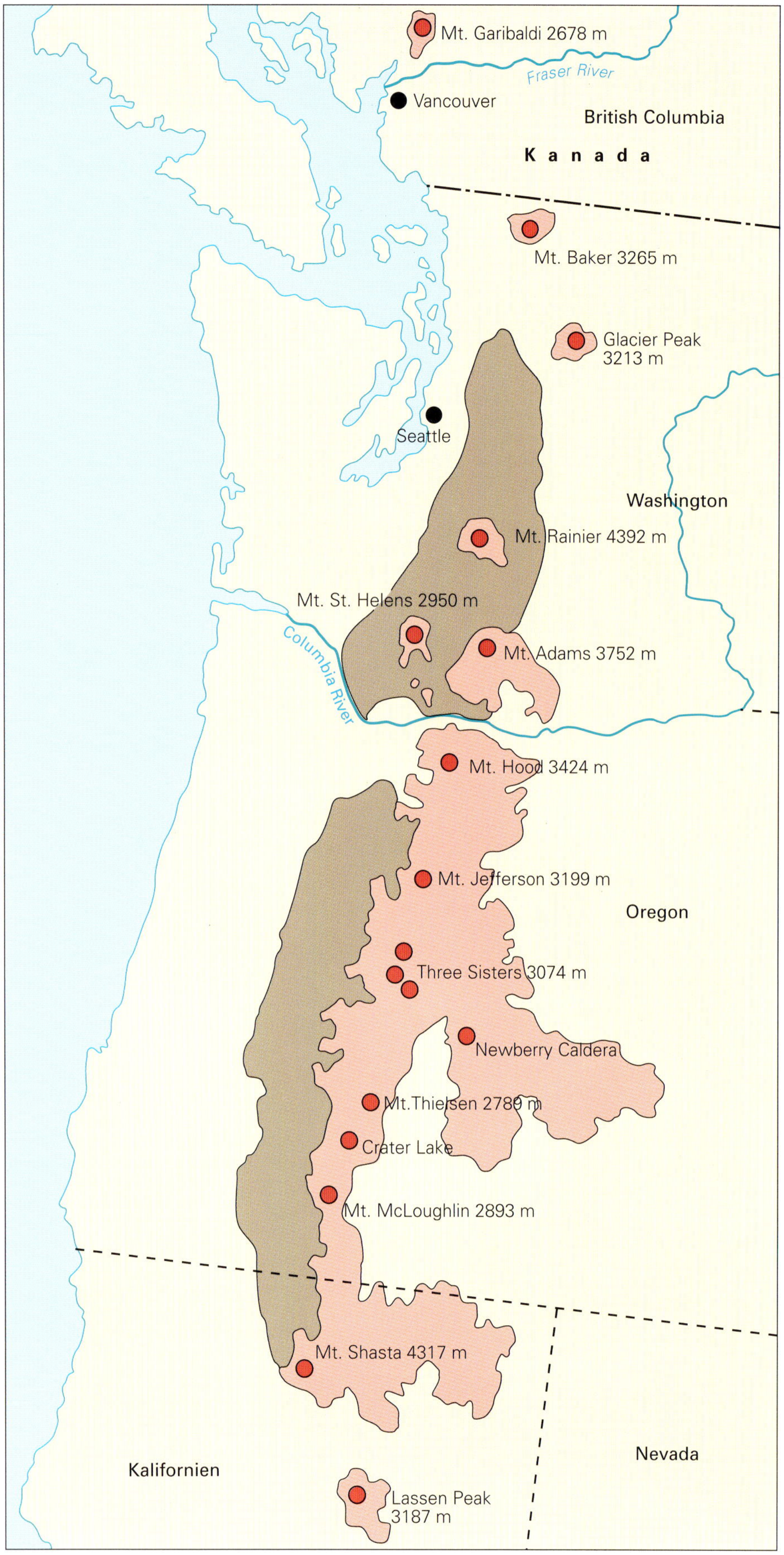

Werte: Zu Beginn des Ausbruchs fielen im Umfeld 33 Kubikkilometer vulkanisches Lockermaterial. Dazu kamen 29 Kubikkilometer Tephra, die zusammen mit heißen Gasen als Glutwolke zu Tal rasten. Gegen Ende der Eruption fiel noch einmal Tephra mit einem Volumen von einem Kubikkilometer. Zu diesen insgesamt 63 Kubikkilometern vulkanischen Materials kam das Volumen des abgesprengten Gipfels. Es dürfte weitere 62 Kubikkilometer betragen haben. Rechnet man aus der Menge des vulkanischen Lockermaterials das Volumen des Magmas zurück, so kommt man auf 37,5 Kubikkilometer. Alles in allem waren an der Mazama-Katastrophe demnach rund 100 Kubikkilometer Magma und Gestein beteiligt. Das ergibt einen Turm mit einer Grundfläche von einem Quadratkilometer und einer Höhe von 100 Kilometern. Umgelegt würde das für ein ordentliches Mittelgebirge reichen. Der Taunus ist gerade halb so groß.

EXPLOSIV. Was am Mount Mazama geschah, kann sich wiederholen. Die Vulkane der Kaskaden sind hochexplosiv. Immer wieder wurden ihre Gipfel weggesprengt und im Laufe der Zeit aufs Neue aufgebaut. Der Grund für diese Explosivität ist das zähflüssige, kieselsäurereiche Magma, von dem sie gespeist werden. Es stammt aus der Subduktionszone, in der tief unter dem Kaskadengebirge die abtauchende Juan-de-Fuca-Platte aufgeschmolzen wird. Der Basalt dieser ozeanischen Krustenplatte schmilzt beim Aufsteigen die kieselsäurereiche Kontinentalkruste aus Granit, Gneis und Sandstein auf. Dies macht die Mischung so explosiv. Das zähe Magma schäumt nach dem Eröffnungsausbruch auf und schafft sich in gewaltigen Explosionen Platz. Die Magmakammer leert sich in kurzer Zeit. Schließlich bricht ihr Dach zusammen. Der Einbruchskessel, die Caldera, füllt sich im Laufe der Zeit mit Wasser und kann einen Kratersee bilden, so schön wie den Crater Lake – ein blaugrünes Juwel, das aus der Katastrophe hervorging. Kein Wunder, daß das „Schmuckstück" und seine Umgebung zum Nationalpark erklärt wurden.

Obwohl jeder Vulkan seine ganz besonderen Eigenschaften hat, ist der Ausbruchstyp, der zum Crater Lake geführt hat, weit verbreitet. Der Krater, der als äußerer Ring den Vulkan Aso-San auf der japanischen Südinsel Kyushu umgibt, gehört ebenso zu diesem Typus wie der Krakatau in der Sundastraße und der Vulkan von Santorin in der Ägäis.

Der Lassen Peak, der südlichste der Kaskadenvulkane, war zuletzt im Mai 1914 aktiv. Daß er nicht zur Ruhe gekommen ist, zeigen die kochenden Schlammtümpel an seinen Hängen.

Die Kette der Kaskadenvulkane erstreckt sich vom Lassen Peak in Kalifornien bis zum Mount Garibaldi in British Columbia (Karte links). Das Gebiet der älteren westlichen Kaskaden ist grau eingezeichnet. Als hohe Kaskaden bezeichnet man den rötlich eingetragenen jüngeren Bereich. Die vulkanische Zone hat sich im Laufe der Zeit ausgeweitet.

Sagenhaftes Santorin

DER EINZIGE VULKAN, der in jüngerer Zeit im östlichen Mittelmeer aktiv war, liegt im Zentrum der Inselgruppe von Santorin, etwa 100 Kilometer nördlich von Kreta. Fünf Inseln bilden den Archipel. Im Osten liegt Thera, die größte Insel. Wie eine geöffnete Hand spannt sie sich um ein blaues Binnenmeer, das im Nordwesten von der kleineren Insel Therasia und im Süden vom Inselchen Aspronisi begrenzt wird. Mitten in diesem Binnenmeer liegen zwei ziemlich flache Inseln. Wegen ihrer schwarzen Farbe werden sie Kameni, „die Verbrannten", genannt.

Im Gegensatz zu den Kameni erheben sich die äußeren Inseln mit hohen Steilwänden aus dem Binnenmeer. Nach außen, zur Ägäis hin, fallen sie sanfter ab. Die Kameni sind rostbraun und schwarz. Die äußeren Inseln haben dagegen eine auffällig helle Landoberfläche; das kommt vom Bims, der sie bedeckt.

Santorin ist nicht die einzige Vulkaninsel im östlichen Mittelmeer. Eine Reihe vulkanischer Inseln zieht sich in einem Bogen vom griechischen Festland hinüber nach Kleinasien: Susaki im Westen, gefolgt von Ägina und Methana, Milos und schließlich Santorin. Weiter nach Nisyros, in derem tiefen Krater ein heißer Tümpel brodelt, bis Hyali und Kos.

DIE INSEL MIT DEN VIELEN NAMEN, so könnte man Santorin auch nennen. Im Altertum hieß sie Strongyle, „die Wohlgerundete". Später nannte man sie Kalliste, „die Wunderschöne". Auch Philothera, Kalavria, Tefcia und Rinia wurde sie genannt. Die Venezianer tauften sie „Santorin" nach der Santa Irini, der heiligen Irene. So heißt sie bis heute. Ihr türkischer Name Deirmedzik, „kleine Mühle" – wegen der vielen Windmühlen, die es einst auf der Insel gab –, ist vergessen. Der amtliche Name Thera steht nur auf der Landkarte.

Bei dieser Namensreihe ist vor allem der erste, Strongyle, besonders merkwürdig, denn wohlgerundet ist hier nichts. Keine der Inseln ist rund, weder das sichelförmige Thera noch sein Gegenüber Therasia, auch nicht das Inselchen Aspronisi. Auf die schwarzen Kameni kann sich der alte Name nicht beziehen, denn sie sind viel jünger als die Inseln des äußeren Rings. Also haben sich die Alten entweder nichts dabei gedacht, als sie für Santorin „Strongyle" wählten, oder aber die Verhältnisse haben sich geändert.

Was mit „wohlgerundet" gemeint sein könnte, entdeckt man, wenn man mit einem Bleistift das Kartenbild der Inselgruppe umfährt. Zwar entsteht kein regelmäßiger Kreis, aber ein schönes Oval. Vieles spricht dafür, daß sich der Name Strongyle auf eine ältere, größere Insel bezieht, auf einen großen, runden Vulkan, der sich einst mit sanfter Böschung aus dem Meer erhob und dessen Mittelstück fehlt.

EIN FREMDKÖRPER im Vulkangebäude ist der 568 Meter hohe Berg Prophitis Ilias im Südosten von Thera. Er ist heute die höchste Erhebung der Inselgruppe. Kalk und Tonschiefer aus der Triaszeit bauen ihn auf. Mit der vulkanischen Geschichte der Insel hat er nichts zu tun. Der Berg ist eine stehengebliebene Scholle der zerbrochenen und größtenteils unter den Meeresspiegel abgesunkenen kykladischen Landmasse. Sie verband noch während der

In der Mitte der Caldera liegen die jungen Vulkaninseln, die Kameni. Im Hintergrund: der 569 Meter hohe Prophitis Ilias.

Weiße Gewölbe, kubische Häuser, flache Dächer und kunstvolle Treppen gab es schon immer auf Santorin. Inzwischen baut man sie, so gut es geht, erdbebensicher.

Bei Akrotiri fand man unter der Bimsdecke die Reste einer minoischen Siedlung.

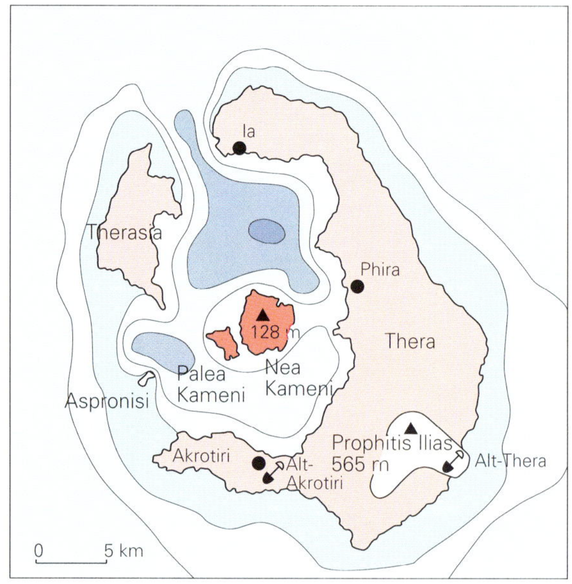

Der Ausgrabungsbereich von Akrotiri ist heute überdacht. In der Ruine eines Hauses wurden die Stufen einer Treppe durch ein Erdbeben geknickt.

Tertiärzeit, vor rund 10 Millionen Jahren, Europa mit Asien. Erst viel später wurde der Iliasberg von einem Vulkan umschlossen.

DIE GROSSE, RUNDE INSEL mit einem hohen, zentralen Berg, an dem sich die Wolken abregneten, muß ein verlockender Platz für landhungrige Siedler gewesen sein. Vor etwa 4000 Jahren kamen die ersten: Fischer, Hirten, kleine Bauern, Handwerker und wohl auch ein paar Händler, die mit ihren Schiffen von Inseln zu Inseln fuhren und Kontakt zu den reichen Verwandten auf der großen Insel Kreta hielten.

Ob die ersten Siedler überhaupt bemerkten, daß sie sich zu Füßen eines gefährlichen Feuerberges niedergelassen hatten, ist schwer zu sagen. Zweifellos stellten sie sich aber auf Ruhe und auf friedliche Zeiten ein. Sie pflanzten Getreide, hegten Ölbäume, formten auf der Drehscheibe wunderschöne Tongefäße und pflegten die Künste. Wahrscheinlich lebten um die 25 000 Menschen auf der Insel. Sie gehörten zum Volk der Minoer.

DIE MINOER beherrschten mit ihrer Flotte die Inselwelt des östlichen Mittelmeers. Das Zentrum ihres Reiches war Kreta. Sie trieben Handel mit allen Nachbarländern, selbst mit dem fernen Ägypten. Die Entdeckung, daß die Bewohner Strongyles minoischer Abstammung waren, machte man schon im 19. Jahrhundert. Als der Suezkanal gebaut wurde, war der Bims von Santorin hochbegehrter Rohstoff für seewasserfesten Zement. Damals wurden so große Mengen Bims abgeräumt, daß darunter eine alte Inseloberfläche zum Vorschein kam: Ackerboden mit Furchen, Reste von Ölbäumen und Gebäuden. Man begann zu ahnen, daß Menschen den gewaltigen Vulkanausbruch miterlebt hatten, von dem der Bims der Insel stammte.

ALT-AKROTIRI. Am Südrand von Thera, in der Nähe des Dorfes Akrotiri, entdeckte man Mauerreste unter dem Bims. Von 1967 an leitete der bekannte Athener Archäologe Spyridon Marinatos die erfolgreichen Ausgrabungen an diesem Platz, bis er im Jahr 1974 bei seiner Arbeit tödlich verunglückte. Schon zu Beginn der Grabungen erklärte er mir bei Dreharbeiten: „In diesem Hang liegt ein Palast. Ich werde ihn ausgraben." Den Palast fand er nicht am Kap Akrotiri, er fand mehr. Unter der Bimsdecke,

Die schneeweißen Häuser von Ia erinnern an Nordafrika. Im Bims am Hang unterhalb der Stadt liegen zahlreiche Höhlenwohnungen.

die hier nur einige Meter dick ist, stießen die Spaten auf die Mauern einer Siedlung, die offenbar vor 3500 Jahren von ihren Bewohnern verlassen worden war. Gepflasterte Straßen mit reichen Bürgerhäusern aus der Bronzezeit wurden freigelegt. Häuser, dicht aneinander gebaut, mit Mauern aus nur wenig behauenen Steinen, aber mit Türen und Fenstern und prächtig bemalten Zimmerwänden.

In einem offensichtlich sehr vornehmen Haus ist ein Raum mit glatten Steinplatten ausgelegt. Der Stumpf einer Säule steht in der Mitte. Vielleicht trug sie einst das Dach. Der Stumpf steht schief. Der Plattenboden ist auf einer Seite abgesunken. Der Raum ist leer. Kostbare Gegenstände hat man in den Häusern nur wenige gefunden. Selbst wertvollere Töpfe und Werkzeuge sind selten. Überreste von Menschen wurden nicht entdeckt, wohl aber geben die großartigen Wandgemälde Auskunft über das Alltagsleben der Bewohner dieser Siedlung und über die Natur ringsum: Bilder erzählen von Fischern, von boxenden Knaben, von blühenden Gärten und Handelsschiffen an fernen Ufern. Hirsche springen im lichten Wald, Delphine tanzen vor dem Bug eines schlanken Ruderboots.

Wahre Künstler der Restauration waren am Werk, um aus zahllosen Bruchstücken die Bilder aus jener Zeit zusammenzufügen und sie so zu ergänzen, daß zwar ein Gesamtbild entsteht, aber die originalen Teile erkennbar bleiben. Im Archäologischen Nationalmuseum in Athen sind die Schätze von Alt-Akrotiri zu sehen.

Die Gebäude selbst sind weitgehend zerstört. In manchen Zimmern liegen die Reste der eingestürzten Dächer. Selbst dicke Mauern sind geborsten, Treppenstufen wie durch einen Schlag geknickt. Die Wände der Häuser sind in sich zusammengefallen oder im ganzen auf die Straße gekippt. Das sind deutliche Hinweise auf schwere Erdbeben, wie sie einem Vulkanausbruch vorausgehen können.

Alt-Akrotiri fiel ohne Zweifel einer Naturkatastrophe zum Opfer. Seine Bewohner konnten noch rechtzeitig fliehen und ihre Habe auf die Schiffe retten. Ein Rumoren tief im Berg hat sie wohl gewarnt. Die minoischen Siedler verließen ihre Stadt.

Bereits zum Zeitpunkt der Flucht öffneten sich wohl Spalten im zentralen Krater der Insel, und ein erster heißer Bimssteinregen ging auf die Insel nieder. Offenbar beruhigte sich der Berg danach für einige Monate, vielleicht sogar für ein bis zwei Jahre.

Drei schematische Schnitte zeigen die Entwicklung der Insel.
Oben: Die runde Insel Strongyle mit dem zentralen Vulkan, der sich über der Caldera eines viel älteren Ausbruchs erhob.
Mitte: Während der Hauptphase des letzten großen Ausbruchs dringt Meerwasser bis zum Magma vor. Aschebeladene Glutwolken quellen nach allen Seiten aus dem Krater, stürzen ins Meer und lösen Flutwellen aus.
Unten: Das Vulkangebäude ist über der leergeblasenen Magmakammer zusammengebrochen. Eine Caldera hat sich gebildet. Drei Inseln bleiben vom alten Vulkan übrig.

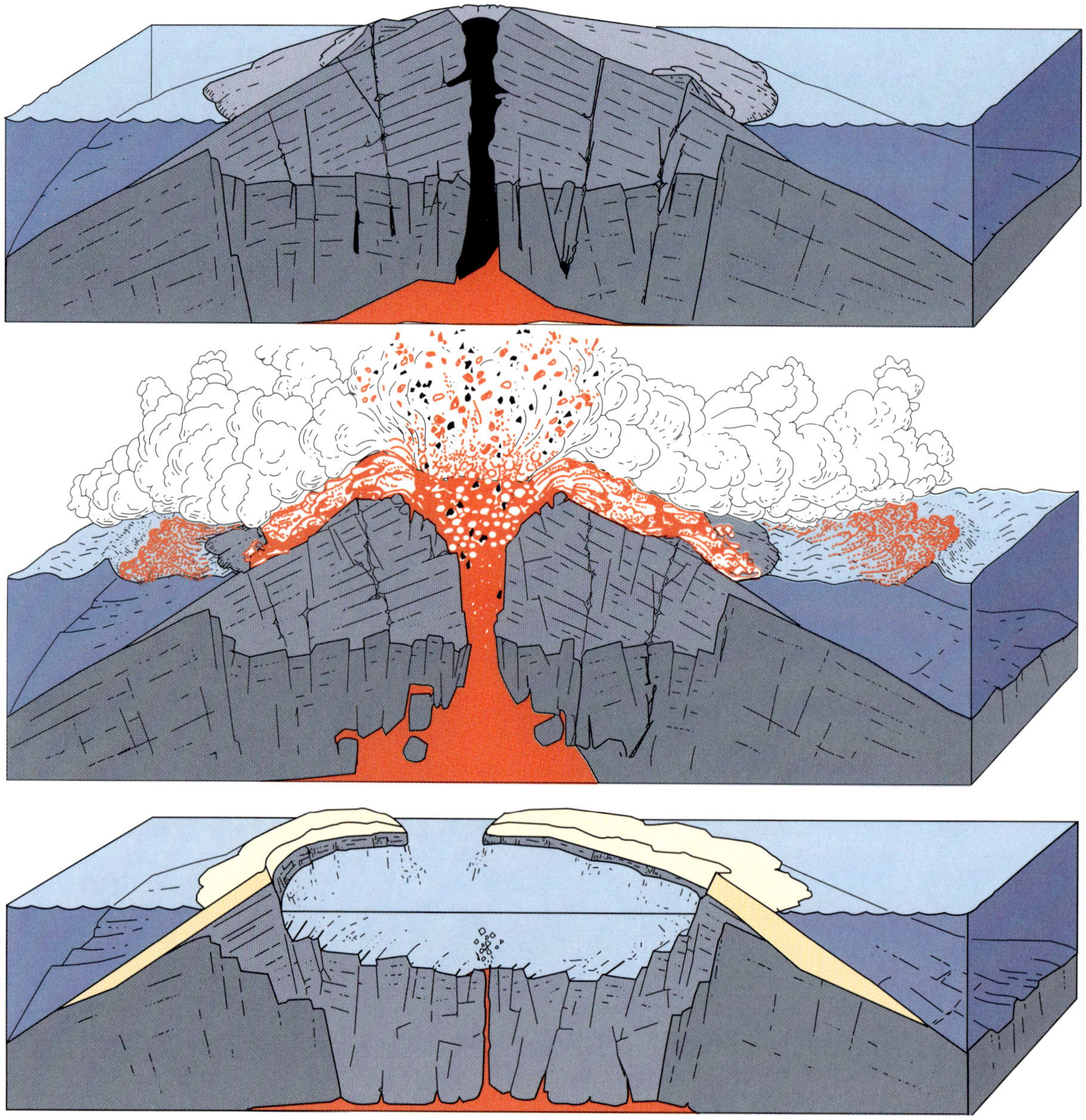

Asche und Bims von Santorin wurden weithin in den Sedimenten des östlichen Mittelmeeres gefunden.

Jedenfalls kamen Menschen zurück und richteten sich in den zerstörten Mauern häuslich ein.
Spyridon Marinatos wies darauf hin, daß das Handwerkszeug der Ruinenbewohner erheblich primitiver war als das der früheren Siedler. Auch ihre Raumansprüche waren bescheidener. Mit hastig aufgeführten Mäuerchen unterteilten sie die alten Wohnräume in kleine Kammern. Dort fand man ihre schlichten Töpferwaren und ihre einfachen Werkzeuge. Wie lange sich die Ruinenbewohner auf der Insel halten konnten, bevor das Unheil auch über sie hereinbrach, ist ungewiß. Es gibt keinen Hinweis darauf, wie es ihnen erging, ob sie noch rechtzeitig fliehen konnten oder ob der Vulkan ihnen ein grausames Ende bereitete.

DER UNTERGANG THERAS. Der große Ausbruch begann mit einer Serie rasch aufeinanderfolgender Eruptionen. Schließlich wurde die Insel mit einer alles erstickenden, tödlichen Bimsdecke zugedeckt. Der Bims kann, wo er voll erhalten ist, bis zu 60 Meter mächtig sein. Die Bimswand erscheint auf den ersten Blick ziemlich einheitlich. Schaut man jedoch genauer hin, erkennt man unterschiedlich strukturierte Abschnitte, die den Ablauf des Ausbruchs widerspiegeln.
Die unterste, leicht rötlich gefärbte, vier bis fünf Meter mächtige Bimsschicht entstand während der ersten Ausbruchsphase. Die Freisprengung und Räumung des Schlots ging mit dieser ersten Bimsentladung einher, vergleichbar den Vorgängen in einer zu schnell geöffneten Sektflasche: Das in der Flüssigkeit gelöste Gas bildet als Folge der plötzlichen Druckentlastung überall gleichzeitig Bläschen und verwandelt den Flascheninhalt schlagartig in Schaum. Der Inhalt wird durch den Hals mit hoher Geschwindigkeit nach außen gedrückt.
Im heißen, gasreichen Magma spielt sich Vergleichbares ab. Als Folge der Druckentlastung bilden sich Blasen. Das glutflüssige Gestein, in dem die Gase unter Druck gelöst waren, schäumt auf. Nur wenn das Magma sehr dünnflüssig ist, können die Gasblasen entweichen. Enthält es aber viel Kieselsäure, wie das Magma von Santorin, ist es zäh. Dann bleibt der größte Teil der Gase im Glutfluß gefangen. Er wird unter Druck durch den Schlot geblasen und zerspritzt zu Einzelkristallen, Lavascherben, Krümeln und Staub und erstarrt noch in der Luft. In weitem Umkreis regnet es Bims aus der gewaltigen Eruptionswolke, die viele Kilometer hoch aufsteigen kann.

Bis zu 60 Meter mächtig ist die Bimsdecke, die sich beim großen Ausbruch auf die Insel legte.

Ein steifer Nordwestwind trug den feinsten Staub weit nach Südosten. Meeresströmungen verfrachteten den auf dem Wasser schwimmenden Bims, bis er schließlich absank und sich auf dem Meeresgrund ablagerte. Dies ergaben Untersuchungen des Meeresbodens. Nach dem Zweiten Weltkrieg wurde Bims aus Santorin in vielen Bohrkernen gefunden, die von den Forschungsschiffen „Albatros", „Verna" und der berühmten „Glomar Challenger" aus dem Tiefseeboden gezogen wurden. Die „minoische Tephraschicht" ist inzwischen datiert und steht als Zeitmarke für 1500 v. Chr.
Nach den ersten heftigen Ausbrüchen änderte sich der Ausbruchscharakter: Vom zentralen Krater aus rissen Spalten zum westlichen Inselrand auf. Meerwasser konnte bis zur glühenden Schmelze vordringen. Unter heftigen Detonationen schäumte der Glutfluß erneut auf. Glutwolken brachen aus dem Krater und lieferten in kurzer Zeit riesige Bimsmengen. Das heiße Gas-Bims-Gemisch quoll als brodelnde Masse, in der auch größere Brocken schwammen, nach allen Seiten über den Kraterrand und überflutete die Insel. Lange Zeit blieb Santorin unfruchtbar und deshalb unbesiedelt.

Viele Lavalagen und Bimsschichten bauen den alten Vulkan auf. Am Steilhang über der Binnensee sind sie aufgeschlossen.

Der jüngste Krater des Taal

Im Taalsee liegt auf einer Insel der höchst explosive Vulkan.

Mit tragbaren Seismometern wird die Aktivität des Vulkans überwacht.

DER AUSBRUCH DES TAAL. In jüngster Zeit wurden Eruptionen dieser Art am Vulkan Taal auf der Philippineninsel Luzon beobachtet. Dort kam es ebenfalls zu einem Wassereinbruch, der das Magma erreichte. Der Taal liegt in einem großen See 60 km südlich von Manila.

Am 28. September 1965 setzten gegen 2.00 Uhr morgens erste Eruptionen ein. Glühende Bomben und Lavafetzen flogen hoch und bauten einen Schlackenkegel auf. Gegen 3.25 Uhr steigerte sich die Ausbruchstätigkeit schlagartig; Seewasser war bis zum Glutfluß vorgedrungen. Es kam zu einer Dampfexplosion, bei der eine aschebeladene Wolke bis zu 16 Kilometer hoch aufstieg. Ringförmige Glutwolken quollen über den Kraterrand. Mit der Geschwindigkeit eines Hurrikans rasten sie über die Insel und den See. Noch in einem Kilometer Entfernung wurden alle Bäume geknickt, in größerer Entfernung wurde die Rinde wie von einem Sandstrahlgebläse abrasiert. Dünen aus Vulkanasche von mehr als 2,5 Meter Mächtigkeit bildeten sich. Nur dem hervorragend funktionierenden Frühwarnsystem auf den Philippinen ist es zu verdanken, daß es nicht zu einer Katastrophe kam wie beim Ausbruch von 1911, der 1300 Menschenleben forderte.

Das Rund des Einsturzkessels, der Caldera von Santorin, wird aus der Luft erkennbar. In der Caldera: Palea Kameni (links) und Nea Kameni (rechts). Dahinter, in der Ferne: Therasia.

EIN LEICHENTUCH AUS BIMS. Auf Thera, der Hauptinsel der Inselgruppe von Santorin, entspricht die mittlere Bimsschicht, die zwischen 0,5 Meter und sieben Meter mächtig ist, der zweiten Phase des Ausbruchs nach der Wasserdampfexplosion. Im ziemlich feinkörnigen Bims stecken große Gesteinsblöcke. Sie schlugen wie Bomben ein. Viele Häuser wurden durch solche Geschosse zerstört. Ungefähr 20 Prozent des geförderten Materials stammen aus dieser zweiten Ausbruchsphase.

In der dritten Phase bildete sich die obere, bis zu 40 Meter mächtige Bimslage. Sie besteht aus Bimsbrocken, die bis zu drei Meter Durchmesser erreichen können. Auch Stücke älterer Vulkangesteine wurden während der dritten Phase ausgeworfen. 60 Prozent der gesamten Bimsmasse wurde in dieser letzten Phase gefördert. Heftige Regenfälle spülten noch während des Ausbruchs einen großen Teil der oberen Bimslagen ins Meer und vergrößerten die Insel an ihren Rändern beträchtlich.

Insgesamt wurden 40 Kubikkilometer vulkanischen Materials gefördert. Mit dieser Menge könnte man den rund 500 Quadratkilometer großen Bodensee mit einer 80 Meter dicken Schicht bedecken. Die Magmakammer, die beim Santorinvulkan in etwa 3,5 Kilometer Tiefe liegen dürfte, erschöpfte sich gegen Ende des dramatischen Ausbruchs. Ihr Dach begann nachzusacken. Teile des Vulkangebäudes stürzten in sich zusammen. Der Krater erweiterte sich zum Einsturzkessel, zur Caldera. Das nördliche Becken der Caldera ist über 400 Meter, das südliche über 300 Meter tief. Die Wände des Einbruchskessels steigen 250 Meter hoch über den Meeresspiegel auf. Die Caldera mißt elf Kilometer von Nord nach Süd, sieben Kilometer von West nach Ost. 83 Quadratkilometer beträgt ihre Fläche. Zweifellos bildeten sich im Zusammenhang mit dem Calderaeinbruch gewaltige Flutwellen, die sich weit über das Meer ausbreiteten. Strongyle, „die Wohlgerundete“, aber gab es nach dem Ausbruch nicht mehr. Ihre Reste bedeckte ein Leichentuch aus Bims. Eine Vorstellung vom Ausmaß des Santorinausbruchs vermittelt das Geschehen am Krakatau in der Sundastraße zwischen Java und Sumatra.

DER AUSBRUCH DES KRAKATAU. Am 27. August 1883 brachen nach 200jähriger Ruhe drei benachbarte Krater des Krakatauvulkans gleichzeitig aus. Die Detonationen hörte man im 3500 Kilometer entfernten Alice Springs in Zentralaustra-

Die Explosion des Krakatau war mehrere tausend Kilometer weit zu hören.

lien und selbst auf der Insel Rodrigues im Indischen Ozean 4800 Kilometer entfernt. Die Kapitäne der Schiffe, die zufällig in der Nähe des Krakatau waren, berichteten später, daß eine Eruptionswolke aus vulkanischem Lockermaterial und Dampf 25 Kilometer hoch aufgestiegen sei.

Feinste Aschenteilchen wurden bis zu 80 Kilometer hoch in die Stratosphäre getragen. Eine Stunde nach dem Ausbruch lag das 160 Kilometer entfernte Djakarta in völliger Finsternis. Vier Tage später verdunkelte sich im japanischen Jokohama die Sonne. Noch Jahre danach waren die Sonnenuntergänge selbst in Europa blutrot, weil Staub vom Krakatau in der Luft lag. Im Umkreis von 50 Kilometer regnete es Bimsstein. Auf dem Meer bildeten sich schwimmende Bimsinseln. Vulkanischer Staub senkte sich auf die Inseln ringsum.

Das Ende für 36 000 Menschen kam, als der 800 Meter hohe Vulkan über der entleerten Magmakammer zusammenbrach und damit eine gewaltige Flutwelle auslöste. Bis zu 36 Meter hoch war die Front der Wasserwand, die den Küsten entlangraste, den Wald, die Pflanzungen, die Dörfer zerschlug und auf ihrem Weg zurück ins Meer alles mit sich fortriß. 88 Kilometer vom Krakatau entfernt war die Flutwelle 15 Meter hoch. An der Küste Ceylons kam sie noch in einer Höhe von zwei bis fünf Metern an.

Man kann die Energie eines Vulkanausbruchs einigermaßen berechnen, wenn man die bewegten Gesteins- und Wassermassen zugrunde legt. Für den Krakatau kam man auf eine Ausbruchsenergie von 200 Billionen Kilowattstunden. Das entspricht der Energie von 400 Wasserstoffbomben.

Der Einsturzkessel von Santorin ist viermal größer als der des Krakatau, auch die Bimsablagerungen auf Santorin sind unvergleichlich mächtiger; entsprechend größer war die Energie dieses Ausbruchs.

FLUTWELLEN. Für die Inselwelt in der Nähe von Santorin hatte der Ausbruch katastrophale Folgen. Der Einbruch der großen Caldera von Santorin dürfte weit höhere Flutwellen ausgelöst haben als der des Krakatau. Bims findet man nicht nur hoch oben an den Küsten der Nachbarinseln, sondern sogar an der Küste Israels nördlich von Tel Aviv. Dort liegt er fünf Meter über dem Meer.

Vernichtend muß die Wirkung der Flutwelle an der nur 100 Kilometer entfernten Nordküste von Kreta gewesen sein. Dort fand Spyridon Marinatos, der Ausgräber von Alt-Akrotiri, bei Grabungen im Trümmerfeld von Amnissos, der Hafenstadt des alten Knossos, Bims von Santorin. Große Steinquader lagen umher, „wie von Riesenhand aus ihrer ursprünglichen Lage herausgerissen".

Kein Volk hätte die Flutwelle schlimmer treffen können als die Minoer, deren Stärke ganz und gar von der Flotte abhing und deren wichtigste Siedlungen am Meer lagen. Die Vormachtstellung der Minoer war nach diesen Ereignissen gewiß schwer angeschlagen.

Erstaunlicherweise blieb der Palastbezirk von Knossos unbeschädigt. Das mag daran liegen, daß sich die Flutwelle an einer vorgelagerten Insel brach. Nach Ansicht der Archäologen wurden Amnissos und andere minoische Siedlungen um 1450 vor Christus zerstört und später nicht wieder aufgebaut. Alt-Akrotiri, die minoische Siedlung auf Thera, wurde zur gleichen Zeit verschüttet.

ASCHE ÜBER KRETA. Überträgt man die Ergebnisse aus Bohrungen im Meeresboden auf die Insel Kreta, so darf man annehmen, daß die Felder und Weiden mitten im Sommer, in der regenarmen Zeit, von einer zehn Zentimeter hohen Schicht aus Bimsstaub bedeckt wurden. Daß dies im Sommer geschah, ergibt sich aus den Windverhältnissen im östlichen Mittelmeer. Bis heute weht der Sommerwind aus Nordwest.

Mindestens eine Ernte fiel aus. Vor allem das Weidevieh dürfte gelitten haben. Auch verdarb das Trinkwasser. Dies war in Island so, nach dem Ausbruch der Lakispalte, und auf Heimaey, als dort die Asche von Surtsey niederging.

Spyridon Marinatos sieht einen engen Zusammenhang zwischen dem Ausbruch des Santorinvulkans und dem Niedergang der minoischen Kultur. Auch wenn es einen, wie manche Vulkanologen meinen, zeitlichen Abstand von 50 Jahren zwischen dem großen Santorinausbruch und dem Ende des Minoerreiches geben sollte, ist damit nicht widerlegt, daß die Vulkankatastrophe auf Santorin letztlich nicht eine der Ursachen für das Ende des Minoischen Reiches gewesen sein könnte.

IN DER SAGENWELT der Griechen kann man Hinweise auf solche Katastrophen finden. Es wird berichtet, daß Zeus die Menschen mit einer großen Flut bestrafen wollte. Deukalion, der Sohn des Titanen Prometheus, wird von seinem Vater gewarnt. Er baut ein Schiff und überlebt zusammen mit seiner Frau Pyrrha die Flut, die ganz Hellas, alle Inseln und die Küsten Siziliens heimsucht.
Ob diese Flut durch einen Vulkanausbruch, ein Seebeben oder gar durch den Einschlag eines Meteoriten in die Adria ausgelöst wurde, ist offen.
Poseidon, der Meeresgott, der Erderschütterer, schickt den schrecklichen Minotaurus zu König Minos nach Kreta. Dieses Ungeheuer in Gestalt eines Menschen mit Stierkopf bringt großes Unglück über das Land. Der Minotaurus steht für die schicksalhafte Unabwendbarkeit des Unheils. Katastrophen werden als Zeichen göttlichen Wirkens gesehen. Für Priester und Könige ist der Einbruch von Unvorhergesehenem, Unabwendbarem daher mit einem Autoritätsverlust verbunden. Machtstrukturen geraten ins Wanken.
Das durch die Katastrophe in jeder Hinsicht angeschlagene Volk der Minoer hat sich nicht mehr erholt. Die Griechen drangen in das entstandene Machtvakuum ein.

ATLANTIS. Der Niedergang eines Reiches, eines hochzivilisierten Staates als Folge einer Naturkatastrophe wird von Plato beschrieben. Er hat die Geschichte von einem Großonkel erfahren, der sich mit einem ägyptischen Priester im Tempel von Sais über die alten Zeiten unterhalten hatte. Jener Ägypter erzählte von der sagenhaften Insel Atlantis und ihren reichen und kunstfertigen Bewohnern. Die Geschichte des Untergangs dieser Insel ist durch Plato überliefert:
„Doch später ereigneten sich gewaltige Erdbeben und Flutkatastrophen, in einem einzigen Tag und einer einzigen Nacht voller Schrecken... verschwand... Atlantis in der Tiefe des Meeres."
Sicher ist dieser Bericht keine im einzelnen belegbare Tatsachenbeschreibung, aber frei erfunden ist er wohl auch nicht. Es war für die ägyptische Priesterschaft von großer Bedeutung, auch unerwartete Naturereignisse genau zu überliefern, da sie darin das Wirken der Götter zu erkennen glaubte.
Vieles in der Atlantissage stimmt mit dem Schicksal des Minoerreichs überein. Eine große Insel, fern im Westen, wird erwähnt. Das ist von Ägypten aus gesehen viel eher Kreta als irgendeine Insel im Atlantik oder gar in der Nordsee. Von Häfen wird berichtet und von Schiffen, von Stieren im Heiligtum des Poseidon. Das alles trifft auf Kreta zu. Daß Strongyle, das alte Santorin, selbst Atlantis war, ist

Eines der schönsten Wandgemälde aus Akrotiri blieb fast vollständig erhalten: der Fischer mit den gelbbäuchigen Makrelen.

Lavaströme und Sprengtrichter auf Nea Kameni

unwahrscheinlich, auch wenn der Athener Seismologe Galanopoulos, ein hervorragender Kenner der Insel, diesen Gedanken in Erwägung zieht. Als Zentrum eines großen Staates, auch als kultureller Mittelpunkt war diese Insel zu klein.

EXODUS. Selbst in der Bibel wird von Ereignissen berichtet, die mit dem Ausbruch von Santorin um 1500 v. Chr. in Verbindung gebracht werden können. So sieht J. G. Bennet Zusammenhänge mit den ägyptischen Plagen. I. Velikovsky weist vor allem auf die Ereignisse beim Auszug der Israeliten aus Ägypten und ihrem Zug durch das Schilfmeer hin. Ein zeitlicher Zusammenhang ist nicht von der Hand zu weisen. P. Brasiotis kommt zu dem Ergebnis, daß der Exodus wohl zur Zeit des Pharao Amenophis II. um 1450 v. Chr. erfolgte. Das würde in den Zeitrahmen der Santorinkatastrophe passen. Bei aller Skepsis ist es doch interessant, diesen Gedankengängen ein Stück weit zu folgen. Dabei dürfen allerdings die Zeitangaben in der Heiligen Schrift nicht wörtlich genommen werden. Entscheidend ist die Reihenfolge des Geschehens. Dabei ergeben sich verblüffende Parallelen zur Abfolge der Plagen, wie sie im 1. Buch Mose beschrieben sind:

1. Plage: Das Wasser im Nil wird in Blut verwandelt. Die Fische sterben. Das Wasser verdirbt. Überall im Land ist Blut.
Erklärungsversuch: Rötlicher Bimsstaub aus der ersten Phase der Eruption wird nach Ägypten getragen. Er färbt das Wasser. Durch den roten Staub in der Luft läßt das Sonnenlicht alles rötlich erscheinen.
2. Plage: Frösche steigen aus dem Nil und dringen in die Häuser der Ägypter ein.
Erklärungsversuch: Der Bimsstaub und die löslichen Bestandteile des Staubs verderben das Wasser. Deshalb gehen die Frösche aufs Land. Ihre natürlichen Feinde, vor allem die Vögel, sind nach Süden abgewandert.
3. Plage: Stechmücken treten auf.
Erklärungsversuch: Nachdem viele Fische, Frösche und Vögel umgekommen sind oder ihre angestammten Plätze verlassen haben, vermehren sich die Stechmücken ungehindert. Zudem erfolgte der Ausbruch wahrscheinlich im Sommer; zu dieser Zeit war früher das ägyptische Tiefland überschwemmt. Damit boten sich für die Mücken besonders gute Voraussetzungen.
4. Plage: Stechfliegen treten auf.
Erklärungsversuch: Die Verminderung der natürli-

Ägypten lag im Einflußbereich des Santorinausbruchs. Die Flutwellen dürften seine Küsten erreicht haben, und vulkanischer Staub konnte von sommerlichen Winden so weit getragen werden. Die Pyramide des Chephren war damals 1100 Jahre alt.

chen Feinde führte auch bei anderen Schadinsekten zu einer ungewöhnlichen Zunahme.

5. Plage: Eine Viehpest befällt Pferde, Esel, Kamele, Rinder und Schafe.

Erklärungsversuch: Der Aschenfall selbst, das verdorbene Trinkwasser, aber auch die Zunahme krankheitsübertragender Insekten könnten dafür verantwortlich gewesen sein. Der Begriff „Pest" steht hier für eine seuchenhafte Erkrankung.

6. Plage: Ansteckende Krankheiten treten auf.

Erklärungsversuch: Ob mit „bösen Blattern" Pocken gemeint sind, ist unklar, daß sich aber als Folge der Massenvermehrung blutsaugender Insekten und des Viehsterbens neue Seuchen ausbreiten, darf angenommen werden.

7. Plage: Schwere Gewitterstürme bringen Wolkenbrüche und Hagel.

Erklärungsversuch: Die vulkanischen Staubpartikel führen in großer Höhe zur Bildung von Eiskristallen, die ihrerseits wiederum Hagel und Gewitter verursachen. Dies ist zwar als Begleiterscheinung großer Vulkanausbrüche nicht ungewöhnlich, wohl aber im trockenen, warmen Ägypten erschreckend.

8. Plage: Heuschrecken fressen alles kahl, was der Hagel übriggelassen hat.

Erklärungsversuch: Auch die Heuschrecken leiden unter dem Aschenfall und stürzen sich auf alles, was noch grün ist.

9. Plage: Eine dicke Finsternis breitete sich drei Tage lang in ganz Ägypten aus.

Erklärungsversuch: Bemerkenswert ist, daß in der Bibel von „dicker" Finsternis gesprochen wird. Ein Zusammenhang mit vulkanischem Staub aus dem letzten, großen Bimsausbruch liegt nahe.

10. Plage: Die Erstgeburt aller Menschen und aller Haustiere wird getötet.

Erklärungsversuch: Die zürnende Gottheit sollte mit den wertvollsten Opfern besänftigt werden.

Selbst zwischen der Bibelstelle, wo der Herr seinem Volk bei Tag als Wolkensäule und bei Nacht als Feuersäule vorangeht, und dem Santorinausbruch läßt sich ein Zusammenhang herstellen. So ist nicht auszuschließen, daß die höchsten Teile der Eruptionswolke gemeint sind, denn die Verteilung der Aschenablagerungen im Meer hat einen langgezogenen eiförmigen Umriß, dessen Spitze auf die Küste Israels weist. Selbst die Feuersäule läßt sich als leuchtende Nachtwolke in der hohen Stratosphäre erklären, wie sie auch nach dem Ausbruch des Krakatau zu beobachten war.

Blaue Kuppeln und weiße Gewölbe in Ia.

Bleibt noch der wunderbare Durchzug der flüchtenden Israeliten durch das Schilfmeer, wahrscheinlich einer Lagune in der Nähe des heutigen Ortes El Arisch. Im 2. Buch Mose liest man im Vers 14: „Als nun Mose seine Hand über das Meer reckte, ließ es der Herr zurückweichen durch einen starken Ostwind die ganze Nacht und machte das Meer trokken, und die Wasser teilten sich. Und die Kinder Israel gingen hinein mitten ins Meer auf dem Trokkenen, und das Wasser war ihnen eine Mauer zur Rechten und zur Linken.
Und die Ägypter folgten und gingen hinein ihnen nach... Und das Wasser kam wieder und bedeckte Wagen und Männer, das ganze Heer des Pharao, das ihnen nachgefolgt war ins Meer, so daß nicht einer von ihnen übrigblieb."
Die Wirkungsweise einer Flutwelle – gleichviel, ob sie von einem Seebeben oder einem Vulkanausbruch ausgelöst wurde – ist zutreffend beschrieben. Bevor sich die Frontwelle der Küste nähert, zieht sich das Wasser vom Strand zurück. Je höher die Welle ist, um so weiter wird das Wasser vom Strand abgezogen. Erst danach läuft die gewaltige Woge auf den Strand zu, erhebt sich und wird zur haushohen Wand, die mit ungeheurer Zerstörungskraft über die Küste hereinbricht. Wenn sich ihre Wassermassen wieder ins Meer zurückziehen, reißen sie alles mit sich fort.
Selbst wenn die israelitischen Priester die Ereignisse nicht völlig exakt beschrieben haben, so darf man doch davon ausgehen, daß ihnen sehr daran gelegen war, das Wirken Gottes möglichst genau zu beschreiben und der Nachwelt zu überliefern.

DER NEUE VULKAN. Erst im Jahr 197 v. Chr., nach mehr als 1000 Jahren, erhob sich wieder ein Feuerberg aus der Caldera von Santorin: das heutige Palea Kameni. Ein weiterer Ausbruch ereignete sich 726 n. Chr. Im Jahr 1750 tauchte eine andere kleine Vulkaninsel auf: Mikra Kameni. 1704 entstand in vierjähriger Ausbruchstätigkeit das 80 Meter hohe Nea Kameni. Dann war Ruhe, bis 1866 an der Südostseite dieser Insel zähflüssiges Magma wie ein großer Walrücken aus dem Meer auftauchte und eine Staukuppe von 126 Meter Höhe bildete.
1925 verschweißte ein großer Lavaerguß Nea mit Mikra Kameni. Neue Ausbrüche, die 1926 endeten, hinterließen mehrere Explosions- und Einsturzkrater. 1938 und 1941 meldete sich der Vulkan erneut. Zuletzt erhob sich vom Frühjahr 1950 bis zum Februar 1951 eine weiße Dampfwolke über der schwarzen Kraterinsel. Seither kann man zwar an den heißen Stellen in ihrem Inneren noch Eier braten und gelbe Schwefelkristalle an den Dampfspalten bewundern, sonst aber gibt sich der Vulkan ruhig. Grasbüschel wachsen zwischen den Lavabrocken, Seeschwalben nisten an den Klippen, und ein einsamer Feigenbaum steht am Strand. Eine Idylle auf Zeit, denn der Vulkan ruht nicht.
Noch liegt zwischen den dunklen Inseln in der Mitte und den Steilabstürzen des Riesenkraters das tiefe, blaue Meer. Feuchte Hitze herrscht im windstillen Kessel. Ein Geruch nach Fisch und Teer hängt über dem kleinen Hafen. Geduldig stehen die Pferde und Esel im Schatten und warten. Zwar gibt es längst eine Seilbahn hinauf nach Phira, aber immer noch tragen die geduldigen Tiere Touristen und andere Lasten hinauf zur weißen Kante.

ZERSTÖRUNG UND WIEDERAUFBAU. Heiter und unbefangen, ernst und streng zugleich ist Phira, die weiße Stadt am Kraterrand. Die Trümmer erinnern an eine ältere, noch schönere Stadt, den morgenländischen Traum. Am 9. Juli 1956 kam das Ende dieser Stadt. In 45 Sekunden wurde sie durch ein schweres Erdbeben zerstört. 200 Verwundete und 48 Tote waren damals zu beklagen. 2000 Häuser brachen in sich zusammen. Juwelen handwerklicher Baukunst gingen für immer verloren.
Auf die Zerstörung folgte der Aufbau. An die Stelle der althergebrachten Mörtelbauweise trat Stahlbeton; denn als einziges Gebäude am Kraterrand hatte das Hotel „Atlantis", ein Stahlbetonbau, den Erdstößen widerstanden.

Phira, der „weiße Traum“, liegt hoch über der steilen Binnenküste von Thera.

Feuerwerk in der Eifel

WALLENDER BORN. Der Schäfer weidet seine Herde am Pulvermaar. Plötzlich hört er ein Rauschen und läuft, so schnell sein Alter es zuläßt, zum Ufer des Sees. Das Wasser ist in wilder Bewegung. Hohe Wellen überschwemmen Wiesen und Felder ringsum. Um Schlimmeres zu verhindern, zieht der Schäfer mit seiner Herde singend und betend um den See. Schließlich beruhigt sich das brausende Wasser. Er versteht die Warnung Gottes: Viel zu lange haben die Menschen nicht mehr um eine gute Ernte gebetet und um Schutz vor Unwetter und anderem Unheil.

Die Sage vom Schäfer am Pulvermaar ist alt. Ob in ihrem Kern die Erinnerung an ein Naturereignis steckt, oder ob sie frei erfunden ist, ist schwer zu entscheiden. Aufbrausendes Wasser kann man am Wallenden Born beim Dorf Wallenborn in der Eifel stündlich erleben. Dann brodelt die Quelle. Die treibende Kraft dieser Naturerscheinung ist Kohlendioxid, das unter Druck steht. Seit einer Quellbohrung im Jahr 1933 auf 38 Meter Tiefe gibt es diesen „CO_2-Geysir". Damals wurde eine Zone mit erhöhtem Gasdruck angefahren. Sobald der hydrostatische Druck der Wassersäule im Quellschacht durch den CO_2-Druck überwunden wird, wallt der Born. Die Eifel ist ein junges Vulkangebiet. Viel Kohlendioxid steigt aus dem vulkanischen Herd auf. Es löst sich im Grundwasser und geht eine Verbindung als Kohlensäure ein. Auf dem langen Weg durch die Klüfte im Gestein löst dieses saure Wasser Mineralien auf, vor allem Kalk. Als Mineralwasser tritt es zutage. Der „Geroldsteiner Sprudel" und das Mineralwasser von Daun sind berühmt. Die Leute in der Eifel wußten das „Sauerwasser" schon früher zu schätzen. Es macht den Brotteig schön locker.

AUS UND VORBEI? In der Eifel tritt CO_2 vor allem in Gebieten zutage, die in jüngerer Zeit noch vulkanisch aktiv waren: rund um Hillesheim, Geroldstein und Daun und am Laacher See. Im flachen Wasser am Ostufer des Sees kann man die Blasenketten des aufsteigenden Gases gut beobachten. Weiter oben am Hang gibt es auch „trockene" Gasaustritte, sogenannte „Mofetten". Der Geologe Iradj Eschghi hat in letzter Zeit 12 CO_2-Austritte festgestellt.

Konzentriertes CO_2 wirkt tödlich. Das weiß man in der Eifel schon lange. So wird von einem Gewölbe bei Hillesheim berichtet, daß dort das austretende Gas Mäuse tötet und Lichter zum Erlöschen bringt. Menschen, die sich nicht in acht nehmen, fallen in Ohnmacht.

Die CO_2-Mengen, die in der Eifel austreten, sind erstaunlich groß. Eine neuere Schätzung kommt auf 0,5 bis 1 Million Tonnen pro Jahr. Kein Wunder, daß die Kohlendioxidvorkommen auch zur CO_2-Anreicherung von Mineralwasser genutzt werden.

Auch die Temperatur vieler Quellen liegt deutlich über dem deutschen Durchschnitt von ungefähr 8,5 Grad Celsius. Mit 26 Grad kommt die „Queen of table waters", das weltbekannte Mineralwasser aus der Apollinarisquelle im Ahrtal, aus 55 Meter Tiefe. Das könnte ein weiterer Hinweis auf vulkanische Restwärme im Untergrund sein.

Doch handelt es sich hier wirklich um einen Rest an Wärme, um eine Alterserscheinung, um die Schlußphase vulkanischer Tätigkeit? Was spricht denn dagegen, daß das CO_2 und die Wärme schon die Vorboten kommender Ausbrüche sind? Wer es so sieht, darf mit Milde rechnen, wenn er seinen Wohnsitz von Bonn nach Berlin verlegt.

Der Spiegel des Wallenden Borns hebt sich alle 56 Minuten; dann läßt ihn aufsteigendes CO_2 wallen und sprudeln.

Das 74 Meter tiefe Pulvermaar hat mit 36 Hektar die größte Wasserfläche der Eifelmaare. Der Name kommt wohl von den pulvrigen Tuffen, die den Ringwall um das beispielhafte Maar aufbauen (links).

Große CO_2-Blasen treten in dieser Quelle bei Niederehe aus.

Blick über die Mosenbergvulkane nach Süden. In der Mitte: der Windsborn mit seinem flachen Kratersee, dahinter der aus mehreren Vulkanen zusammengesetzte, 715 Meter hohe Mosenberg, der heute leider bewaldet ist.

Das Gipfelkreuz auf dem Schlackenwall des Windsborn

Entstehung einiger Maare:

Eckfelder Maar:	45 000 000 vor heute
Schalkenmehrener Maar West:	11 000 vor heute
Gemündener Maar:	10 500 vor heute
Weinfelder Maar:	10 500 vor heute
Pulvermaar:	10 100 vor heute
Ulmener Maar:	8 000 vor heute

DAS ALTER DER MAARE. So lange ist es gar nicht her, daß die Eifelvulkane aktiv waren. Die ältesten Ausbrüche der letzten quartären Phase liegen 700 000 Jahre zurück; die jüngsten sind allenfalls 10 000 Jahre alt. Dabei sollte man bedenken, daß die Pausen zwischen den einzelnen Phasen der vulkanischen Aktivität länger waren als der Abstand zu den letzten Eruptionen in der Eifel.

Eine Datierung der Ereignisse ist auf verschiedene Weise möglich. Die Geobotaniker suchen in den Sedimenten der Maarseen nach Pollen. Die Hülle der winzigen Blütenstaubkörnchen erweist sich als bemerkenswert widerstandsfähig gegen Zerstörung. Zählt man aus einer kleinen Sedimentmenge alle Pollen aus, so kann man aus den unterschiedlichen Pollen und deren Häufigkeit auf das Pflanzenkleid schließen, das es zur Zeit der Pollenablagerung im Seesediment rund um den See gab.

In manchen Sedimenten finden sich auch Asche- und Bimslagen, die aus Ausbrüchen benachbarter Vulkane stammen. Aus ihnen läßt sich das relative Alter der Maare zueinander bestimmen, weil sich die Aschen verschiedener Vulkane unterscheiden.

Ganz anders funktioniert die Altersbestimmung mit Hilfe der Zerfallsrate des radioaktiven Kohlenstoffs ^{14}C. Er wird von den grünen Pflanzen aus der Atmosphäre aufgenommen. Die Datierungsmethode beruht darauf, daß das radioaktive Kohlenstoffisotop in einem Zeitraum von 5568 Jahren zur Hälfte zerfällt. Ein Stück Holz im Sediment, das nur 50 Prozent des Kohlenstoffs eines vergleichbaren Stücks Holz aus unseren Tagen enthält, wäre dem-

Nordwestlich des Mosenbergs liegt das Meerfelder Maar, das größte Maar der Westeifel. Der See erfüllt nur noch einen Teil des Kessels.

Am Nordhang des Meerfelder Maars sind vulkanische Asche- und Bimslagen aufgeschlossen. Die Schichtung ist das Ergebnis zahlreicher, rasch aufeinanderfolgender Ausbrüche.

nach 5568 Jahre alt. Vulkanisches CO_2 enthält kein radioaktives ^{14}C, sondern nur das nichtradioaktive ^{12}C. Das führt zu einer Verfälschung aller Werte, sofern die grünen Pflanzen auch vulkanisches CO_2 aufgenommen haben. Sie erscheinen dann älter. Solche Fehler können kaum korrigiert werden. Das erklärt, warum beispielsweise die Altersangaben für den letzten Ausbruch des Ulmener Maars von 7335 bis 10 920 Jahre vor heute streuen.

EIFEL UND ALB. Maar hat mit „Meer", mit dem lateinischen Wort „mare" zu tun. Einst nannte man im Rheinland kleine Weiher und sumpfige Plätze häufig so. Heute ist „Maar" ein geologischer Fachbegriff. Maare sind vulkanische Sprengkessel, die später nachsackten und sich mit Wasser füllten. Von den ungefähr 340 Ausbruchsstellen allein in der Westeifel sind 70 Maare. Acht dieser Maare enthalten bis heute einen See. In der Osteifel liegen weitere Hundert Vulkane.

Heftige Dampfexplosionen haben flache Trichter ausgesprengt. Zu solchen Eruptionen kommt es, wenn das bis zu 1200 Grad heiße Magma auf Wasser trifft. Kein Zufall also, daß die Maare in den Tälern liegen. Dort gibt es Flüsse, Bäche und Grundwasser und damit reichlich Sprengstoff.

Schon 13 Millionen Jahre früher ereigneten sich im Gebiet der Schwäbischen Alb Vulkanausbrüche, die denen der Eifel vergleichbar sind. Auch dort drang Magma in die Erdkruste ein und erreichte das Grundwasser; vermutlich war es Karstwasser, das schon damals die Spalten und Höhlen des Oberen

Blick aus südwestlicher Richtung auf den 3,32 Quadratkilometer großen und 51 Meter tiefen Laacher See. Der Seespiegel liegt auf 224 Meter; der Randwall ist 200 Meter höher. Im Vordergrund: das Kloster Maria Laach.

Stockenten und Bläßhühner leben zusammen mit vielen anderen Vogelarten geschützt im Schilfgürtel. Bodenseefelchen, die im letzten Jahrhundert in den Laacher See gebracht wurden, haben sich angepaßt und kräftig vermehrt.

Weißen Jura erfüllte. Auf jener Ur-Alb mag es so ähnlich ausgesehen haben wie heute in der Eifel. Doch die Zeit der blauen Seen ist auf der Alb lange vorbei. Die Albmaare sind verlandet und vermoort. Das Torfmoor bei Schopfloch ist als Besonderheit auf der sonst so wasserarmen Alb bekannt. Nicht von ungefähr liegen viele Dörfer der mittleren Alb auf wasserstauenden Vulkanschloten und nicht selten in den Mulden der alten Maare.

VULKANISMUS AM LAACHER SEE. Erst vor rund 11 000 Jahren entstand die Senke, in der heute der See liegt. Unsere steinzeitlichen Vorfahren erlebten den katastrophalen Ausbruch des Laacher Vulkans mit. Unter dem Bims im Neuwieder Becken fand man die Reste ihrer Siedlungen.

Schon vor dem Ausbruch wurde im Umkreis Basalt und phonolithischer Tuff gefördert. Phonolith ist ein helles, kieselsäurereiches Vulkangestein. Seit der Römerzeit wird Phonolithtuff als Baustein verwendet. Die romanische Wallfahrtskirche Maria Laach wurde größtenteils aus ihm erbaut.

Berühmt ist die Basaltlava von Niedermendig südlich des Laacher Sees. Seit Jahrhunderten wird sie unter Tage abgebaut. Die großen, kühlen Hallen, die nach dem Abbau übrigblieben, waren ideale Bierkeller.

Basalt erstarrt bei der Abkühlung meist zu regelmäßigen, mehrkantigen Säulen. Die ein bis zwei Meter hohen „Pfeiler“ im 25 Meter mächtigen Basaltstrom von Niedermendig haben einen Durchmesser von zwei bis drei Meter. Früher stellte man vor allem

Tiefe Stollen durchziehen den Basaltstrom von Mendig. Sie erinnern an die Zeit des Untertageabbaus. Einzelne Basaltsäulen wurden als Stützen erhalten. Über dem Basalt: Bims vom Laacher See.

Die über dem Stollen übriggebliebenen Basaltsäulen im Lavastrom von Mendig werden von Steinbrechern „Glocken“ genannt.

Die 25 Kubikmeter große Basaltbombe von Strohn

Im Tuffwall des Ulmener Maars schlugen fußballgroße Blöcke von Gesteinen des Schlotrandes in die feingeschichteten Lagen (rechts oben).

Das Ulmener Maar ist das jüngste Maar der Eifel.

Am 28. Juli 1815 besuchten Johann W. von Goethe und Freiherr vom Stein den Laacher See. Zwar beeindruckten Goethe die Argumente der „Vulkanisten", von der vulkanischen Entstehung des Basalts war er aber nicht zu überzeugen.

Mühlsteine aus dem porösen Basalt her. Inzwischen haben Stahlwalzen deren Aufgabe übernommen. Die Zeit des Basalts ist jedoch nicht vorbei: Verkleidungsplatten, gedrechselte Säulen und Fensterumrahmungen aus dem dunklen Stein sind wieder gefragt. Elektronisch gesteuerte Fräsen stellen im Natursteinwerk Geilen in Mendig filigrane Zierstücke und sogar gotisches Maßwerk für den Kölner Dom her.

DER AUSBRUCH des Laacher See-Vulkans war katastrophal. Allein vier Kubikkilometer Bims wurden ausgeworfen. Diese Massen stammen entweder aus einem einzigen, nur wenige Tage dauernden gewaltigen Ausbruch im Gebiet des Laacher Sees – so sieht das der Vulkanologe Hans-Ulrich Schmincke – oder, diese Meinung vertritt der Geologe Wilhelm Maier, aus mehreren benachbarten Eruptionszentren. Auch über den Ablauf des Ausbruchsgeschehens gibt es geteilte Meinungen. Nur in einem ist man sich einig: Der Ausbruch des Laacher Vulkans war in Mitteleuropa das verheerendste Naturereignis in jüngerer geologischer Zeit.
Aus einem Magmaherd, der nur wenige Kilometer unter der Erdoberfläche lag, stieg Glutfluß auf. Eine erste Detonation erfolgte, als dieser Glutfluß mit dem Grundwasser zusammentraf. Eine Dampfexplosion sprengte einen ersten, großen Krater aus. Eine Mischung aus vulkanischer Asche, zerstäubtem Gestein, Boden und Wasser senkte sich als dünne Hülle über die Landschaft. Die vorauseilende Druckwelle hatte die Bäume im lichten Wald umgelegt, abgerissen und entwurzelt.

Der Abbau von Bims und vulkanischen Schlacken hat in der Eifel und im Neuwieder Becken Tradition.

Weitere heftige Eruptionen, tiefer im Schlot, förderten gewaltige Mengen von Bims, einen erstarrten, glasigen Lavaschaum und Gesteinstrümmer der Schlotwand. Gespannte Gase, Kohlendioxid, Kohlenmonoxid, Schwefeldioxid und Chlor, aber vor allem Wasserdampf schäumten nach der schlagartigen Druckentlastung den Glutfluß auf; etwa so, wie Sprudel aufschäumt, wenn die Flasche aufgerissen wird.
Glühendheißer Bims schoß unter dem Druck der Gase mit Donnergetöse aus dem Schlot. Der gewaltige Strahl erreichte Höhen von einigen Kilometern. Dabei wurde Luft mitgerissen und erhitzt. Dieses heiße Gemisch stieg 30 bis 40 Kilometer hoch. Kräftige Winde, die in diesen Höhen wehen, trugen die Asche über Hunderte von Kilometern weit fort. Bis Stockholm im Nordosten und Turin im Südosten ist sie heute noch nachweisbar.
Wenn der Auftrieb die schwere Aschensäule nicht mehr trägt, beginnt sie, in sich zusammenzusinken, zuerst langsam, dann schneller und schneller, bis sie schließlich mit einer Geschwindigkeit von bis zu 300 Stundenkilometern in den Krater zurückstürzt. Dabei erhitzt sie sich erneut, quillt als schwere Gas-, Aschen- und Bimswolke über den Kraterrand und rast durch die Täler bergab.
Das Brohltal zieht nördlich des Laacher Sees zum Rhein hinab. Eine Glutlawine verwüstete dieses Tal. Heiße Asche und Bims wurden hier abgesetzt. Bis zu 60 Meter mächtiger „Feuertuff" füllte das Brohltal auf. „Trass" nennt man dieses Sediment, das ein hochgeschätzter Baustein war. Feingemahlen ergab er zusammen mit Zement ein Bindemittel, das unter

Am Wingertsberg bei Mendig sind die mächtigen Asche- und Bimsschichten, die vom Ausbruch des Laacher See-Vulkans stammen, aufgeschlossen. Schichten mit Lavabomben, weißem und grauem Bims folgen unmittelbar aufeinander. Dies spiegelt die rasche Folge der Eruptionen wider.

Trass vom Laacher See-Vulkan erfüllte das Brohltal 60 Meter hoch.

Das Weinfelder Maar und dahinter das Schalkenmehrener Maar. Früher waren die Maare von kahlen Schafweiden umgeben. Jetzt beginnen ihre Ränder im Wald zu verschwinden.

Wasser aushärtet. Nicht umsonst war er in Holland so begehrt. Inzwischen sind die Vorräte erschöpft. Über der geleerten Magmakammer brach das Deckgebirge nach. Ein Einsturzkessel, eine Caldera, entstand: In diesem Kessel liegt der Laacher See.

DIE GLUTLAWINE VON ST. PIERRE. Die erste wissenschaftliche Beobachtung einer Glutlawine und ihrer verheerenden Wirkung stammt vom Ausbruch der Montagne Pelée auf der Karibikinsel Martinique. Ende April 1902 verzeichnete man eine erste Explosion hoch oben am Berg. Die Temperatur im Wasser des Kratersees stieg, das Wasser verfärbte sich. Ein kleiner Aschenkegel entstand in einem Nebenkrater. 25 Menschen wurden unter einer Schlammlawine, die vom Vulkan kam, begraben. Das zähe Magma im Schlot stieg als gewaltiger Pfropf empor. 350 Meter hoch ragte er als weithin sichtbare Felsnadel über den Krater auf.
Am 8. Mai, morgens um 8 Uhr, brach eine Glutlawine am Südfuß dieses Pfropfes hervor und raste hangabwärts. Mit einer Temperatur von 700 bis 1000 Grad Celsius und einer Geschwindigkeit von 160 Stundenkilometern überrollte und verbrannte sie die Stadt St. Pierre in weniger als fünf Minuten. Von 29 000 Menschen überlebte nur ein Strafgefangener im tiefsten Kerker. Die Schiffe auf der Reede wurden in Brand gesetzt, ihre Besatzungen starben. Die gesunkene Flotte von St. Pierre liegt bis heute im tiefen Hafenbecken. Längst ist sie von Schwämmen und Korallen überwachsen. Bald kann jeder die Unglücksflotte besuchen, wenn er mag: Ein Unterseeboot für Touristen ist im Bau.

Auf Martinique raste im Jahr 1902 eine Glutwolke von der Montagne Pelée zum Meer.

IM TERTIÄR lag der Schwerpunkt der Aktivität in der Hocheifel im Gebiet zwischen Ulmen und Adenau. Während eines Zeitraums von 42 bis 34 Millionen Jahren waren dort um die 130 Vulkane tätig. Die Nürburg ist einer von ihnen. Manche der alten tertiären Vulkane liegen in Reihen auf Bruchlinien, die sehr viel später, im Eiszeitalter, dem Magma erneut als Aufstiegswege dienten.
Der Arendsberg bei Zillsdorf stammt auch aus dem Tertiär. Die Basaltfüllung seines Schlots widerstand der Abtragung besser als alle Gesteine ringsum. Inzwischen ist die Schlotfüllung samt der Sankt

Im Tonschiefer des Eckfelder Maars wurden drei terriergroße Urpferdchen gefunden, darunter diese trächtige Stute, bei der sich sogar der Mageninhalt erhalten hat.

Arnulphuskirche, die einst hier stand, weitgehend verschwunden. Aber auch die Reste der Basaltsäulen sind noch sehr eindrucksvoll. Im Steinbruchbetrieb wurde der Basalt abgebaut. Nachdem die Kuppe weg war, folgte der Abbau dem Schlot in die Tiefe, so daß der Arendsberg heute einen tiefen Krater aufweist. Mit dem alten Vulkankrater hat dieses Loch im Berg aber nichts zu tun.

URPFERDCHEN. Das älteste Maar der Eifel liegt bei Eckfeld, nicht weit von Manderscheid. Es ist rund 45 Millionen Jahre alt und entstand im Eozän. Feingeschichtete, bitumenreiche Tonschiefer wurden am Grund des Sees abgelagert. In diesem „Ölschiefer" wurden zahlreiche fossile Überreste gefunden: Blätter von Walnußbäumen, von Palmen und Lorbeergewächsen, Blüten und Früchte, Insekten und Fische, Reste von Krokodilen und Fledermäusen sowie terriergroße Urpferdchen, von denen sich nicht nur die Skelette erhalten haben, sondern auch Teile des Fells mit den feinen Haaren. Bei einem der Tiere, einer trächtigen Stute, war sogar noch der Inhalt des Magens nachweisbar.

Maare und Eruptionszentren in der Eifel

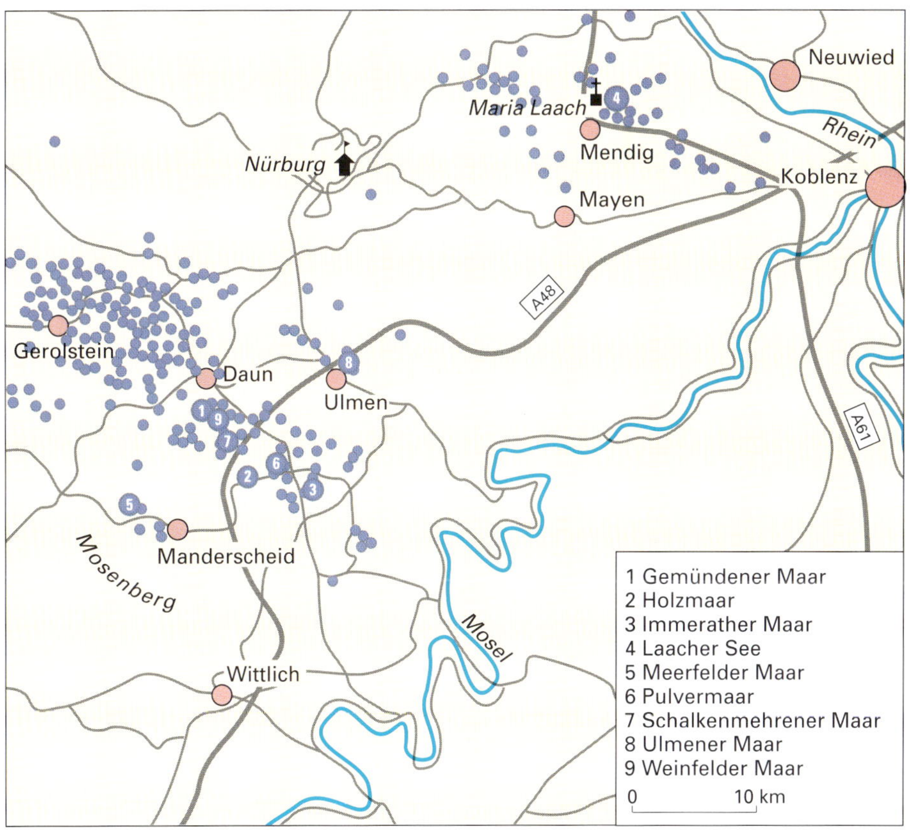

Diamanten aus der Tiefe

„EUREKA" war die Sensation auf der Pariser Weltausstellung von 1867. Eureka kam aus Afrika, als erster Diamant vom Schwarzen Kontinent: 10,73 Karat aufs Feinste geschliffen.
Diamanten kamen im Altertum aus Indien und seit Anfang des 18. Jahrhunderts auch aus Brasilien. Mit Diamantlagerstätten in Südafrika hatte niemand gerechnet, schon gar nicht der Farmerssohn Erasmus Jakob aus Hopetown. Er fand im Jahr 1866 am Ufer des Oranje ein glänzendes Geröll. Die Mutter schenkte es ihrem Nachbarn van Niekerk, der seinem Freund, dem Holländer O'Reilly, und dieser dem Zivilkommissar Lorenzo Boyes in Kapstadt. Erst der Fachmann Dr. Guybon Atherston erkannte, daß der schöne Kieselstein ein Diamant von 21,25 Karat war. Er verlangte 500 englische Pfund dafür. Das vermeintliche Geröll wurde zum Star der Weltausstellung: „Eureka".
Drei Jahre später fand ein Eingeborener einen 83,5 Karat schweren Rohstein. Aus ihm schliff man den 47,75 karätigen „Stern von Südafrika". Eine Welle von Diamantensuchern überschwemmte daraufhin das Land an Oranje und Vaal. Bis heute wird hier nach Diamanten gesucht. Auch auf dem trockenen, höher gelegenen Land fand man Diamanten. Eine besonders ergiebige Fundstelle lag auf dem Gelände des Farmers de Beers. Diesen Namen trägt die größte Handelsgesellschaft für Diamanten bis heute.

DAS BIG HOLE. Berühmt wurde ein kleiner Hügel, „Colesberg Kopje" genannt. Dort fand man besonders feine Diamanten unmittelbar unter der Oberfläche. Erste „Claims", das sind Flächen mit genau bestimmten Schürfrechten, wurden abgesteckt, und der diamanthaltige Grund Eimer für Eimer weggetragen und sortiert. Die Nachricht von der neuen Mine machte schnell die Runde. Abenteurer aus aller Welt rückten in Scharen an, mit ihnen ein buntes Gefolge. Für Pastoren und Missionare ein reiches Betätigungsfeld. Wo vorher der Hügel war, ist heute das größte von Menschenhand ausgeschaufelte Loch: das „Big Hole" der Kimberley Mine.

Das Big Hole ist 400 Meter tief und hat einen Durchmesser von rund 450 Metern; es verjüngt sich nach unten. Hier wurde ein Vulkanschlot ausgeräumt, der in der Tiefe einer vulkanischen Spalte aufsitzt. Die Schlotfüllung besteht aus einem vulkanischen Breccie, einem Trümmergestein, das man „Kimberlit" nennt. Im unverwitterten Zustand nennen ihn die Bergleute „Blueground".
Insgesamt wurden aus der Kimberley Mine mehr als drei Tonnen Diamant gefördert. Allerdings war dies nur möglich, nachdem Cecil Rhodes die zahllosen Einzelclaims in ein gemeinsames Unternehmen einbrachte und damit den Grundstein für ein mächtiges Kartell, die Central Selling Organisation, kurz C.S.O., legte, die bis heute den Welthandel mit Diamanten steuert.

„CULLINAN". Größer als das Big Hole von Kimberley ist die Premier Diamond Mine bei Pretoria. Am 25. Januar 1905, zwei Jahre nach der Eröffnung, bemerkte ein schwarzer Arbeiter einen glänzenden Fleck an der Minenwand, der im Schein der Abendsonne funkelte. „Cullinan", ein Diamant von 3106 Karat, war entdeckt. Ein Karat entspricht 0,2 Gramm. Das sind immerhin 621,29 Gramm für Cullinan, den Großen!

Das Big Hole der Kimberley Mine

Rohdiamanten aus der Namib (links)

Im „De Beers House" ist die Nordseite fensterlos. Einheitliches, indirektes „Südlicht" ist wichtig, um die Farbqualität der Rohdiamanten bestimmen zu können.

Wo der vulkanische Schlot ausgeräumt wurde, blieb das Big Hole zurück. Die Füllung, der Kimberlit, ist 70 bis 80 Millionen Jahre alt. Die Gesteine rund um den Schlot sind wesentlich älter.

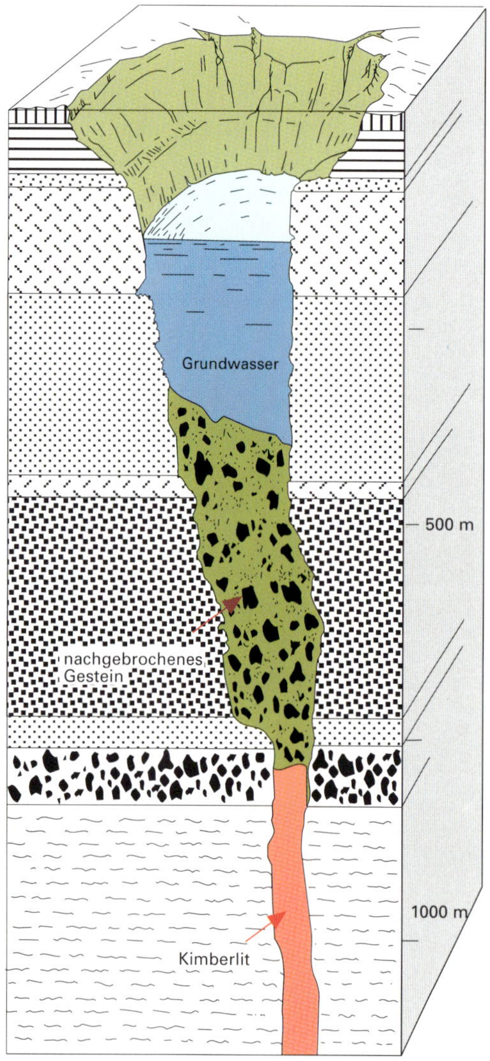

Ein Diamant im Blueground

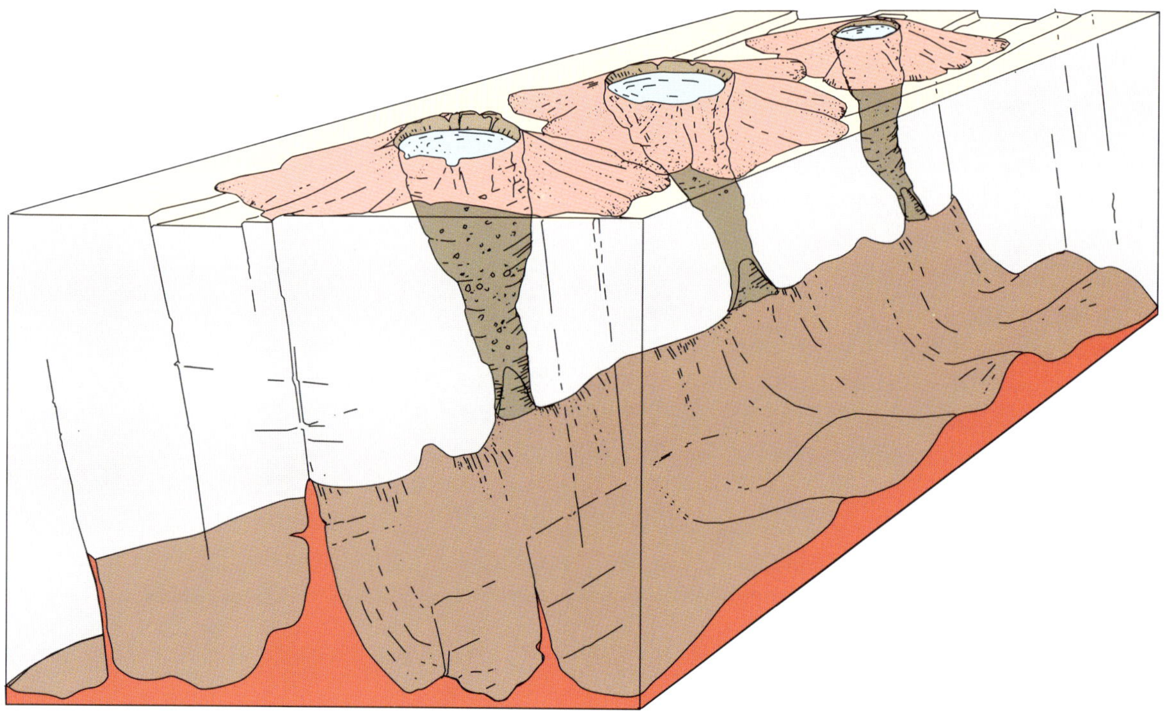

Die Pipes sitzen auf tiefen Spalten, die bis in den Erdmantel hinabreichen.

Die Regierung von Transvaal erwarb diesen größten Diamanten aller Zeiten für 150 000 Pfund und machte ihn König Edward VII. zum Geburtstagsgeschenk. In Amsterdam wurde der Riesendiamant in neun große und 96 kleine Stücke zerlegt. Der größte Brocken wurde zu einem 530,2 Karat schweren Schmuckstein geschliffen, der als „Stern von Afrika" das britische Zepter ziert.
Bei aller Liebe zu den „dicken Brummern" ist der Diamantenabbau nicht darauf angelegt, große Stücke aufzuspüren. Es kommt vielmehr darauf an, eine rentable Mischung großer und kleiner, reiner und weniger reiner Steine zu gewinnen. Dabei nimmt man in Kauf, daß auf ein Teil Diamant die 10 000 000fache Menge Blueground gefördert werden muß, auf ein Gramm Diamant also zehn Tonnen Kimberlit.

DIAMANT AUS DEM VULKAN. Vulkanschlote, wie der des Big Hole, werden „Pipes" genannt. Aus Südafrika sind etwa 200 Pipes bekannt. Ihr Durchmesser reicht von einigen Metern bis zu einem Kilometer, aber nur wenige Pipes enthalten Diamanten. Diamantführende Schlote wurden inzwischen in Botswana, Namibia, Tansania, Sibirien, Australien und neuerdings in China entdeckt.
Doch wie kommen die Diamanten in die Pipes? Wie sind sie entstanden? Die Wissenschaft hält sich bedeckt. Sicher ist nur, daß zwei Bedingungen erfüllt sein müssen: hoher Druck und hohe Temperatur. Im Magmaherd der Pipe herrschen entsprechende Bedingungen. Darauf weisen die Eklogitstücke in der Schlotfüllung hin. Eklogit ist ein sehr schweres und dichtes Gestein, das nur bei hoher Temperatur und sehr hohem Druck – Bedingungen, wie sie in großer Tiefe herrschen – entsteht. Es enthält sehr viel Granat, ein Mineral, das sich ebenfalls nur unter extremen Bedingungen bildet. Beim Ausbruch der Pipes werden solche Eklogitstücke, Granatkristalle und nicht zuletzt Diamanten im Schlot nach oben gerissen.

SYNTHETISCHE DIAMANTEN. Bei Temperaturen von 1300 bis 1400 Grad Celsius und einem Druck von 60 000 Atmosphären lassen sich Diamanten auch synthetisch herstellen. Dabei wirken Eisen und Nickel als Katalysatoren, die sowohl den Druck als auch die Temperatur herabsetzen. Synthetische Diamanten spielen inzwischen eine große Rolle, vor allem im industriellen Bereich. Sie finden

Der 530,2 Karat schwere „Stern von Afrika" ziert das britische Zepter.

Die wichtigsten Diamantvorkommen Südafrikas

Handarbeit ist in den Minen der Namib unersetzlich. In den Felsspalten des ehemaligen Meeresgrundes findet man die schönsten Stücke.

Am Vaal River in Südafrika arbeiten zwei Männer mit einfachem Gerät. Die Ausbeute ihrer Diamantenwaschanlage ist nicht groß.

Nach dem Krieg montierte man große „Staubsauger“ auf ausgediente Sherman-Tanks, um die Diamanten besser aus den Spalten herausholen und einsammeln zu können. Das Verfahren bewährte sich nicht. Jetzt stehen die Stahlmonster im Sand und verrotten.

Im Süden Venezuelas gibt es Diamanten im Sand der Flußniederungen. Mit Geduld und Geschick lassen sie sich vom wertlosen Sand trennen.

bei Schleifmitteln, Glasschneidern, Werkzeugen für die Metallverarbeitung, Bohrköpfen für hartes Gestein und auch für Zähne Verwendung. Bereits 1985 wurden rund 20 Tonnen Industriediamanten hergestellt; dies übertraf die Menge der geförderten natürlichen Steine.

Reinheit und Farbe spielen bei industriell gefertigten Diamanten keine Rolle, dafür lassen sich bei der Produktion Kristallformen züchten, die sich für bestimmte Anwendungen besonders eignen. Die Produktion von Diamanten mit der Qualität von Schmucksteinen wäre zwar möglich, aber zu teuer, zumindest so lange es noch so viele schöne Diamanten in der Natur gibt.

Nur im oberen Erdmantel bestehen die Voraussetzungen, die zur Bildung von Diamanten notwendig sind. Auch Kohlenstoff, das einzige chemische Element, aus dem Diamant besteht, steht dort im Kohlendioxid in großer Menge zur Verfügung. Aus diesem Gas kann sich, wenn ihm Sauerstoff entzogen wird, bei geringem Druck reiner Kohlenstoff in Form von weichem Graphit bilden. Bei hohem Druck und hoher Temperatur bildet sich die raumsparende, extrem harte Kohlenstoffmodifikation Diamant.

Es ist denkbar, daß die im kubischen System kristallisierenden Diamanten in Gasblasen heranwachsen. Bei schlagartiger Druckentlastung, wie sie bei den durchschußartigen Ausbrüchen der Pipes auftreten, bleiben die Diamantkristalle erhalten und gelangen mit den Ausbruchsmassen nach oben. Wo glühender Diamant mit dem Sauerstoff der Luft zusammen-

kommt, verbrennt er zu Kohlendioxid. Eingeschlossen in die Schlotfüllung erkaltet er langsam, ohne zu oxidieren.

Einem ähnlichen Vulkantyp wie den südafrikanischen Pipes begegnet man auf der Schwäbischen Alb. Mehr als 350 Schlote sind bekannt. Nur mit den Diamanten hapert's. Ein südafrikanischer Geologe, den ich am berühmten Scharnhäuser Vulkan traf, sprach mir sein Bedauern aus: „Eure Pipes sind wunderbar. Daß sie euch keine Diamanten beschert haben, bedaure ich. Aber vielleicht habt ihr das nächste Mal mehr Glück." Ein feiner Trost. Der letzte Albvulkan war vor 15 Millionen Jahren tätig. Die Spuren dieser „schwäbischen Pipes" sind jedoch bis heute zu sehen: flache Wannen und herauspräparierte Schlote im Vorland der Alb.

DIAMANTEN UNTERWEGS. Im Kimberlit finden sich Diamanten auf primärer Lagerstätte. Viele Lagerstätten aber sind sekundär. So lag „Eureka" im Kies des Oranjeflusses. Das Wasser brachte ihn dorthin. Seine primäre Lagerstätte, die Pipe, wurde abgetragen, der Diamant herausgespült und kilometerweit mit dem Geröll des Flusses transportiert. Diamanten sind hart, aber schlagempfindlich. Die Splitter zerbrechen und bleiben schließlich auf der Strecke. Nur den schönen, abgerundeten Kristallen kann der Transport so gut wie nichts anhaben. So trennt das Wasser „die Spreu vom Weizen".

Uralte Flüsse trugen einst afrikanische Diamanten weit nach Westen, bis ins heutige Südamerika. Dort findet man sie immer noch. Doch seit die Kontinente getrennt sind, bleibt der Nachschub aus.

Erst ein kleiner Trichter, dann viele und schließlich eine Mondlandschaft. So verläuft die Entwicklung, wenn größere Edelsteine gefunden werden, wie hier bei El Salvador de Paul im Südosten Venezuelas.

Seit Jahrmillionen wächst die Welwitschia, eine Verwandte unserer Nadelhölzer, in der Namib.

Jahresproduktion natürlicher Rohdiamanten
(in Millionen metrische Karat; 1 Karat (ct) = 200 mg)

	1989	1993
Australien	37,00	41,00
Zaire	20,00	16,50
Botswana	15,20	14,70
Rußland	12,00	11,50
Südafrika	9,00	9,80
Namibia	0,90	1,10
Südamerika	0,90	2,90
Ghana	0,20	0,70
Zentralafrik. Republik	0,60	0,40
Sierra Leone	0,60	0,35
Liberia	0,30	–
Angola	1,20	1,00
Guinea	0,20	0,40
Andere Staaten	0,40	0,50
weltweit	98,50	100,85

IN DER WÜSTE. Im Jahr 1907 fand der deutsche Eisenbahnbeamte August Stauch die ersten Diamanten in der südlichen Namib. Der preußische Bergrat Scheibe stellte fest, daß es sich um „Steine reinsten Wassers“ handele. An der Küste vermutete er noch größere Steine. So war es auch. Ein Diamantenvorkommen von unschätzbarem Wert war entdeckt. Aus dem Küstenstrich der südlichen Namib kommen bis heute die schönsten Schmuckdiamanten der Welt. Die Lagerstätte wurde zum Sperrgebiet erklärt, Diamanten zum Schutzobjekt.
Neben Pickel und Schippe werden seit den fünfziger Jahren gewaltige Maschinen gesetzt. Sie versetzen ganze Sandberge und bringen die diamantführenden Konglomerate auf die Förderbänder der Sortieranlagen. Die schönsten Exemplare allerdings finden immer noch die fleißigen Arbeiter mit Haken und Handbesen, die in den Fugen und Ritzen des alten Meeresbodens die eingespülten, schwereren Diamanten suchen. Auch draußen vor der Küste wird mit Spezialschiffen nach Edelsteinen gesaugt und gebaggert.

HART UND HERRLICH. Diamanten sind mehr als nur ein hartes Mineral. Sie schmücken Zepter und Krone und den Ringfinger der Dame. Diamanten sind Edelsteine ohne Konkurrenz. Sie sind so hart, daß sie sich nur von Diamanten schleifen lassen, von Härte 10.
Die Härte wird nach der Skala von Mohs bestimmt. Unterschiedlich harte Materialien werden auf den Rängen eins bis zehn plaziert. Entscheidend ist die Ritzhärte. Korunde – das sind Mineralien der Härte 9 – wie Rubin, Saphir und Schmirgel ritzen den Topas der Härte 8. Topas ritzt den Quarz der Härte 7. Mit dieser Härte beginnt die bunte Reihe der Edelsteine.

Am Ende kehrt die Wüste zurück und begräbt die ausgeräumten Felsspalten und selbst die riesigen Gruben unter sich.

Der grüne „Dresden" wiegt 61 Karat; er stammt wohl aus Indien. Der große Diamant gehörte einst zu den sächsischen Kronjuwelen. Heute liegt er im Grünen Gewölbe des Zwingers.

Herrlich wird der Diamant und vielbegehrt, sobald er den richtigen Schliff hat. Selten ist er nämlich nicht. Lange Zeit kamen die meisten Rohdiamanten aus Südafrika, einige Zeit aus Sibirien, derzeit aus Australien. Dort hat man im Nordosten des Kontinents große Vorkommen entdeckt. Was die Zahlen nicht sagen: Die schönsten Steine stammen immer noch aus Afrika. Unter den Diamanten aus der Wüste Namib haben 80 Prozent Schmucksteinqualität. Bei anderen Vorkommen sind es oft nur 10 bis 20 Prozent.

Der Wert eines geschliffenen Diamanten, darauf hat man sich weltweit geeinigt, wird durch die „4 C" bestimmt: nämlich „Carat" für Gewicht, „Cut" für Schliff, „Clarity" für Reinheit und „Colour" für Farbe. Die Mineralogin und Diamantgutachterin Elke Eisler sagte uns, worauf es bei der Bewertung von Diamanten ankommt: Das Gewicht, Carat, läßt sich am leichtesten feststellen; es ist für den Wert von erheblicher Bedeutung. Beim Schliff, dem Cut, gilt es auf viele Feinheiten zu achten: die Genauigkeit der Winkel, der Proportionen und der Oberfläche. Die Farbe, Colour, ist denkbar vielfältig. In der Farbreihe vom hochfeinen Weiß bis zu gelben Tönen findet die exakteste Bewertung statt. Daneben gibt es rote, grüne und blaue Diamanten, die von Liebhabern besonders geschätzt werden. Die Reinheit eines Steins, Clarity, wird bei zehnfacher Lupenvergrößerung bestimmt. Bei dieser Vergrößerung werden Unreinheiten und Einschlüsse erkennbar. Dunkle Einschlüsse und Risse, die dazuführen können, daß der Stein ausbricht, drücken den Preis am meisten. Schön sind Diamanten, unvergänglich und treu. Beim Diamanten weiß man, was man hat: „Diamonds are a girl's best friends", so sang Marilyn Monroe. Es muß was dran sein.

Yellowstone – Feuer, Farben und Fontänen

MITTEN IN NORDAMERIKA liegt der 8950 Quadratkilometer große Yellowstone National Park in einer der erdbebenreichsten Regionen im Westen der Vereinigten Staaten. Das Yellowstonegebiet liegt über einem Hot Spot. Im Südwesten zieht sich seine „heiße Spur" bis zum Pazifik. Sie markiert den Weg, den die nordamerikanische Platte mit einer Geschwindigkeit von 4,5 Zentimetern pro Jahr über den Hot Spot hinweg nahm.

Das Yellowstoneplateau mit einer Fläche von 6500 Quadratkilometern besteht aus Rhyolit und Basalt, zwei weitverbreiteten vulkanischen Gesteinen: Der helle Rhyolit hat einen Kieselsäureanteil von mehr als 72%, der dunkle Basalt enthält ungefähr 50% SiO_2.

Vor ungefähr zwei Millionen Jahren setzten vulkanische Aktivitäten im Gebiet des Island Park und des Yellowstone Park ein. Man weiß, daß es seither zu einer Reihe ungeheurer Ausbrüche in diesem Gebiet kam. Dabei wurden neben Basalt, der aus großer Tiefe kam, etliche tausend Kubikkilometer rhyolitische Gesteine gefördert. Was die Fördermengen an Vulkaniten anbelangt, kann der Yellowstone Park mit den aktivsten Vulkangebieten der Erde, mit Island und Hawaii, konkurrieren. Die Ausbruchstätigkeit ist hier aber lange nicht so kontinuierlich. Heftige Eruptionen, die nur Stunden, Tage, allenfalls Monate andauern, wechseln mit Ruhephasen ab, die sich über mehr als hunderttausend Jahre erstrekken können. Ähnlich wie in Neuseeland und anderen Vulkanzonen spielen auch im Yellowstonegebiet „Gluttuffe", der Fachmann nennt sie Ignimbrite, eine große Rolle.

AUSBRÜCHE. Jeder Ausbruch im Yellowstonegebiet begann mit vereinzelten Lavaergüssen. Er gipfelte in einem katastrophalen Auswurf von Lockermaterial, mit Glutwolken und heißen Aschešströmen, die sich viele Kilometer ins Land hinaus wälzten und zu Rhyolit erstarrten. Tausende Quadratkilometer sind heute von Rhyolit bedeckt. Die Asche der Yellowstoneeruptionen wurde bis nach Kalifornien, Texas und Kanada getragen. Ungeheure Mengen von Ignimbrit wurden gebildet. So hat allein der zwei Millionen Jahre alte „Huckleberry Ridge Tuff" ein Volumen von 2500 Kubikkilometern!

Drei große Aktivitätszyklen sind bekannt. Gegen Ende jeder großen Ausbruchsphase war die Magmakammer in der Tiefe geleert; ein Einsturzkrater, eine Caldera, entstand. Die Riesencaldera des ersten Zyklus hat einen Durchmesser von 100 Kilometern. Der zweite Zyklus vor 1,6 Millionen Jahren war weniger ergiebig. Der dritte Zyklus hatte seinen Höhepunkt vor 600 000 Jahren. Vor etwa 16 000 Jahren kam es erneut zu Lavaaustritten.

Inzwischen hat sich das Magma im oberen Bereich der Kammer verfestigt. Im zentralen Bereich des Parks ist aber der Wärmezufluß auffällig hoch. Während in vulkanisch nicht aktiven Bereichen der Erdkruste Werte von 50 bis 100 Milliwatt Wärmezufluß pro Quadratmeter gemessen werden, kommt man im Park auf Werte von 58 600 Milliwatt. Die Wärme stammt aus dem Magmaherd, der im Yellowstonegebiet nur wenige Kilometer tief liegt. Zur Zeit wölbt sich der Boden der Caldera auf, ein Zeichen dafür, daß Magma aus größerer Tiefe in die Kammer aufsteigt. Inzwischen scheint es ziemlich dicht unter der Oberfläche zu liegen. Ein neuer Ausbruchszyklus kündigt sich an.

Zu den eindrucksvollen Naturerscheinungen im Yellowstone Park gehören auch die Flüsse. Der Yellowstone River bildet großartige Wasserfälle. Im oberen Fall stürzt der Fluß über eine 33 Meter hohe Kante.

Im Yellowstone Canyon sind mächtige Lagen aus hellem, zum „yellow stone" verwitterten Rhyolit und basaltische Lavaströme aufgeschlossen. Darüber liegen Geschiebe aus der Eiszeit.

Die Bäume im Wald wachsen und fallen im ungestörten Rhythmus der Natur. Nichts wird weggeräumt.

Die Heißwasserzone im Yellowstone Park liegt zum größten Teil innerhalb eines riesigen Einsturzkraters, einer Caldera. Im Südwesten, im weiten Umkreis des „Old Faithful", und im Nordosten rund um den Yellowstone Canyon wölbt sich derzeit der Calderaboden auf.

Der Yellowstone River hat in das von heißem Wasser und Dämpfen gelblich verwitterte Rhyolitgestein eine 30 Kilometer lange und 450 Meter breite Schlucht eingeschnitten.

YELLOWSTONE IN FLAMMEN. Im Sommer 1988 brannte der Wald im Park. Vulkanische Ursachen hatte dieses Feuer nicht. Doch die Ereignisse waren deshalb keineswegs weniger dramatisch. Rasende Feuerwände fraßen sich durch die Wälder und durch das trockene Gras, überquerten die Berge und sprangen über tiefe Täler.
Der Wald brennt! Verloren ist das wertvolle Holz der Tannen, Douglasien, Kiefern und Fichten. Mit der Pflanzenwelt gehen unzählige Tiere durch Flammen und Hitze zugrunde. Der gewaltige Grizzly sucht das Weite, auch die Schwarzbären im Park, Bison, Elch und Hirsch. Viele der kleinen Tiere können nicht schnell genug fliehen. Mit der heißen Luft steigt der Rauch kilometerhoch über dem brennenden Wald auf. 750 Kilometer weit, bis Denver, treibt der Wind die Rauchfahne.
Auf Jahre hinaus haben weite Flächen im Yellowstone Park ihr altes Gesicht verloren. Doch selbst dort, wo nur verbrannte Erde blieb, kehrt das Leben zurück. Wurzelstöcke im feuchten Boden haben überdauert und treiben aus. Samen und Sporen fliegen heran und keimen. Tiere werden den Pflanzen folgen. Solange die Reserven im Umfeld der Brandflächen groß genug sind, werden sich letztlich auch die großen Lücken schließen.

LÖSCHEN? Wäre es nicht besser gewesen, von Anfang an mit allen Mitteln gegen das verheerende Feuer vorzugehen? Naturschutz, das heißt doch auch, zu helfen, der bedrohten Natur nach Kräften beizustehen, dem Feuer zu wehren und das Leben der Pflanzen und Tiere zu schützen. Doch stimmt diese scheinbar so logische Reihe wirklich? Im Yellowstone Park hat man sich vorgenommen, die Natur sich selbst zu überlassen. Beobachten also statt löschen.
Diese Haltung widerstrebt uns jedoch. Wir tun uns schwer damit, in der Katastrophe den Keim zu Neuem, Besserem zu sehen. Vor dem Zeitmaß unseres kurzen Lebens wiegt der Augenblick schwer. Die Zeit, Jahrzehnte auf den Erfolg zu warten, haben wir nicht. Vielleicht neigen wir deshalb auch dazu, den Kampf für das bessere Mittel zu halten.
Kein Wunder also, daß schließlich im Yellowstone Park unter Einsatz aller Mittel gelöscht wurde. Tapfere Frauen und Männer mit rußgeschwärzten Gesichtern im Kampf für das Leben vor dem brennenden Wald geben zudem treffliche, ans Herz gehende Fernsehbilder ab.

Im Sommer 1988 stehen die Wälder weithin in Flammen.

Zwischen den verkohlten Stämmen regt sich neues Leben.

Mitten im hell gewordenen Wald gibt es für die Wapitihirsche eine gute Weide.

Leben im Kochtopf

FARBIGE BÄNDER säumen den heißen Bach. Rostroter Schlamm liegt in den dampfenden Tümpeln. Dort sind Eisenbakterien am Werk. Sie oxidieren im Wasser gelöste Eisenverbindungen zu unlöslichem Eisenoxid, zu Rost. Dieser Prozeß liefert den „Eisenbakterien" ihre Lebensenergie. Die „Schwefelbakterien" spalten mit Hilfe des Sonnenlichts Schwefelwasserstoff, um Zucker aufzubauen. Dabei fällt blaßgelber Schwefel aus. Die rostroten und blaßgelben Streifen, aber auch blaugrüne und orangefarbene Zonen weisen auf verschiedene Mikroorganismen hin, die an ganz bestimmte Wassertemperaturen angepaßt sind.

Das Wasser fließt mit einer Temperatur um den Siedepunkt aus den kochenden Quellen. Auf seinem Weg kühlt es ab, am schnellsten an den Rändern. Außen am Rand, in der nicht ganz so heißen Zone, leben intensiv blaugrün gefärbte Algen, die ähnlich gebaut sind wie Bakterien. Ihre Zellen enthalten neben dem grünen Pflanzenfarbstoff Chlorophyll auch orangefarbenes Karotin. Bei höherer Temperatur bilden sie nur wenig Chlorophyll, dann überwiegt das Karotin. Deshalb ist das Farbband der heißen Bachmitte zu gelbgrün und außen intensiv blaugrün. Die Temperaturobergrenze für die blaugrünen Algen liegt im Yellowstone Park bei 73–75 Grad Celsius. In diesem Temperaturbereich sind sie konkurrenzlos.

Inzwischen hat man Lebensformen entdeckt, die an noch höhere Temperaturen angepaßt sind. Sie kommen selbst im heißesten Bereich der heißen Quellen vor. Es sind sehr einfach gebaute, urtümliche Bakterien, die als „Archaebacteria" bezeichnet werden. Sie besiedeln derart heiße Lebensräume offenbar schon seit Urzeiten.

SULFOLOBUS UND CO. In den Schwefelquellen des Yellowstone Park gibt es solche Urbakterien der Art Sulfolobus. Sie können bis zu 90 Grad Celsius ertragen und wachsen bei dieser Temperatur sogar noch. Bei 60 Grad Celsius fallen sie in eine „Kältestarre". Sulfolobus ist in der Lage, Schwefel, wie er in vulkanischen Dämpfen vorkommt, mit Luftsauerstoff zu Schwefelsäure zu oxidieren. Deshalb kann der schwefelhaltige, heiße Schlamm so sauer werden, daß Schlammspritzer Löcher in die Hose fressen.

Manche Formen leben nur in der Tiefe der heißen Quellen. Dort gibt es nicht die Spur von Sauerstoff. Das Archaebacterium Thermoproteus kann Schwefel durch die Anlagerung von Wasserstoff zu Schwefelwasserstoff reduzieren und so Energie gewinnen. Dieses Verfahren hat schon funktioniert, bevor es auf der Erde überhaupt freien Sauerstoff gab.

In einer isländischen Dampfquelle hat man ein methanbildendes Archaebacterium gefunden, das bei einer Temperatur von 97 Grad Celsius lebt. Für diese Art ist Sauerstoff ein Gift. Sie lebt von Wasserstoff und Kohlendioxid, die im heißen Wasser gelöst sind.

An der Küste der Insel Vulcano gibt es in Wassertiefen von zwei bis 15 Meter Tiefe schwefelwasserstoffhaltige Thermen von 103 Grad Celsius. Auch hier leben Bakterien, die wie das Thermoproteus Schwefel zu Schwefelwasserstoff reduzieren.

KEIN SPIEL OHNE GRENZEN. Hitze ist schwer zu ertragen. Nicht ohne Grund haben viele Lebewesen wirkungsvolle Einrichtungen gegen Überhitzung entwickelt. Eine Birke beispielsweise verdunstet an einem heißen Sommertag bis zu 400 Liter Wasser, nicht zuletzt zur Kühlung ihrer 200 000 Blätter. In der trockenen Hitze der Wüste verdunstet ein Mensch zehn Liter Wasser und mehr pro Tag, um die Körpertemperatur zu halten. Um so unglaublicher muß es erscheinen, daß Leben am Siedepunkt des Wassers möglich ist, ja, daß manche Archaebakterien in der Lage sind, in einer wahrhaft höllischen Umwelt von heißer Schwefelsäure und kochendem Salzwasser zu leben.

Wo aber liegt die Temperaturobergrenze für Lebewesen? Keinesfalls über dem Siedepunkt von Wasser. Normalerweise verdampft Wasser auf Meereshöhe bei einem Druck von einem Bar bei 100 Grad

Bakterien leben selbst im kochend heißen Wasser der Quelle. Blaugrüne, fadenförmige Bakterien siedeln sich an ihrem weniger heißen Rand an. Auch Blütenpflanzen wagen sich auf den warmen Boden vor.

Die Archaebakterien Thermoproteus (oben), Pyrodictium (Mitte) und Thermophylum (unten)

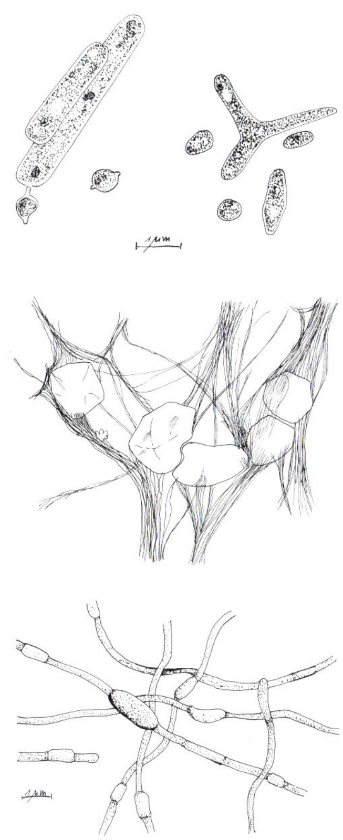

Eine rund 90 Grad heiße Quelle ist von farbigen Ringen umgeben. Sie kennzeichnen die Lebensräume verschiedener Mikroorganismen.

Sehr heiße, starke Quellen bilden einen hellen Sinterkranz und in einiger Entfernung Schwefelränder. Ansonsten fallen hier kaum Lebensspuren auf.

Celsius. Unter höherem Druck liegt der Siedepunkt höher. Der kritische Punkt für Wasser liegt bei 374,2 Grad Celsius und einem Druck von 222,5 Bar. Bei höherer Temperatur gibt es auch bei noch so großem Druck Wasser nur noch als Gas. Diese Grenze ist für irdische Lebensformen unüberwindlich.

Ein Beispiel dafür, daß bei hohem Druck die 100-Grad-Lebensgrenze beträchtlich überschritten werden kann, lieferten amerikanische Biologen. Sie fanden in einer Meerestiefe von etwas mehr als 2600 Meter bei einem Druck von 265 Bar und einer Temperatur von 250 Grad Celsius Archaebakterien der Gruppe Pyrodictium. Lebensformen aus der Urzeit der Erde, die sich in ihrem ursprünglichen Lebensraum gehalten haben, ohne sich erkennbar an der Evolution zu beteiligen? Randexistenzen, Aussteiger oder Spezialisten? Ihre Kunst liegt darin, die hochmolekularen Stoffe der Zelle, vor allem die temperaturempfindlichen Eiweißstoffe, trotz ihres raschen Zerfalls bei hoher Temperatur in genügender Menge schnell genug aufzubauen. Offenbar schaffen das nur winzige, weniger als ein tausendstel Millimeter große, aus einer einzigen Zelle bestehende Lebensformen.

NICHT NUR ALGEN UND BAKTERIEN, selbst vielzellige Tiere halten erstaunlich hohe Temperaturen aus. Der Hitzerekord, den ein Fadenwurm hält, liegt bei 57 Grad Celsius. Die Larven einer Sumpffliegenart leben bei 55 Grad Celsius. Bei Temperaturen um 50 Grad Celsius kommen bakterienfressende, einzellige Wimpertierchen und vielzellige Rädertierchen vor. Algenabweichende Schnecken stellen sich ein, Zuckmückenlarven, Muschelkrebse und ein urtümlicher Höhlenkrebs. Bei 44 Grad Celsius fühlen sich Süßwasserkrabben wohl und die Kaulquappen des Wasserfroschs. Bei 43 Grad Celsius verschwinden zwar die wärmeliebenden Muschelkrebse, doch der Wasserfrosch findet diese Badetemperatur angenehm.

Insgesamt sind um die 175 Tierarten aus Thermalquellen bekannt. Im mittleren Temperaturbereich spielen Insekten und unter ihnen die Schwimmkäfer eine große Rolle. Besonders bemerkenswert aber sind zweifellos die Sumpffliegen. Diese kleinen, den Tau- oder Fruchtfliegen ähnlichen Tiere zeichnen sich dadurch aus, daß sich die Larven mehrerer Arten unter denkbar extremen Bedingungen entwickeln. So kommt eine Art im überaus salzigen Großen Salzsee in Utah massenhaft vor. Die Larve einer anderen Art entwickelt sich in Petroleumtümpeln. Sie holt die Atemluft mit einem Atemrohr von der Tümpeloberfläche. Insekten, die ins Petroleum fallen, sind ihre Nahrung.

Im Gebiet des Yellowstone Park leben mehrere Sumpffliegenarten. Alle leben in heißen Quellen, aber jede Art hat sich einem ganz bestimmten Lebensbereich angepaßt. Sie werden von Spinnen verfolgt, die über das heiße Wasser laufen.

Auch große Tiere zieht es hierher. Im Winter, wenn die heiße Erde den Schnee schmelzen läßt, kommen Elch, Wapiti und Bison. So begeisterte Badegäste wie die japanischen Rotgesichtmakaken, die sich bei Kälte stundenlang im heißen Wasser aufwärmen, gibt es in Amerika allerdings nicht.

Eisenoxid- und schwefelabscheidende Bakterien färben die Ränder eines heißen Baches. Die einzelnen Arten bevorzugen unterschiedliche Temperaturbereiche.

Weißer Kieselsinter setzt sich ohne Mitwirkung von Organismen ab (links). Blaugrüne Bakterien besiedeln flächenhaft den „kühleren“ Bereich. Braunrote Bakterien sind an höchste Temperaturen angepaßt.

Nahe bei der 93 Grad heißen, siedenden Quelle leben helle, schwefelabscheidende Bakterien. Wo das Wasser ein wenig kühler wird, siedeln sich die bräunlichen Arten an (links). In einem 75 Grad heißen Bach bilden fadenförmige Bakterien dichte, schwingende Matten. Auf ihnen haben sich braune Eisenbakterien festgesetzt.

Springende Quellen und heiße Fontänen

IM TAL DER GEYSIRE. Der berühmte Große Geysir, nach dem alle heißen Springquellen der Welt benannt wurden, liegt auf Island, 80 Kilometer nordöstlich von Reykjavík, am Rande des Haukadalur, einer breiten Talniederung. Dort zählt man auf einer Fläche von rund einem halben Quadratkilometer 40 Dampfaustritte und ein halbes Dutzend heißer Seen und Quellschächte, aus denen gelegentlich eine kochende Fontäne aufsteigt.

Strokkur, das kreisrunde, blubbernde und rumpelnde „Butterfaß", ist derzeit der Paradegeysir im Haukadalur. Sein Quellsee ist kristallklar; blaugrün schimmert sein Wasser. Er ist gewiß eine der zuverlässigsten Springquellen; etwa alle fünf Minuten steigt seine Heißwasserfontäne auf.

Nirgends läßt sich der Ablauf eines Geysirausbruchs besser beobachten als am Strokkur: Der Wasserspiegel liegt zunächst ganz ruhig einige Zentimeter unter dem Schachtrand. Die Wassertemperatur beträgt 87 Grad Celsius. Gelegentlich rumpelt und poltert es in der Tiefe. Dort scheinen sich Dampfblasen zu bilden, die unter Druck wieder vergehen. Der Wasserspiegel hebt und senkt sich. Erst perlen Blasen auf, schließlich steigen lange, silbrige Blasenzüge aus der Tiefe. Der Wasserspiegel wölbt sich über den Schacht hinaus und bildet eine durchscheinende grüne Kuppel, von der nach allen Seiten Wasser abfließt. Ein Schwarm großer Dampfblasen sprengt die Kuppel. Im nächsten Augenblick schießt eine Wasser- und Dampfsäule mit donnerndem Fauchen bis 30 Meter hoch. Ein Teil des kochenden Wassers schwappt über den Rand der Geysirschüssel. Viel Wasser aber fällt in den leergeblasenen Schacht zurück. Eine Minute lang brodelt und siedet das Wasser noch, dann kühlt es sich ab und beruhigt sich. Bald aber setzt in der Tiefe wieder das Rumpeln und Poltern ein. Der nächste Ausbruch kündigt sich an.

DER GROSSE GEYSIR SCHLÄFT. Wie unberechenbar Geysire sein können, zeigt keiner besser als der „Große Geysir", der „Vater der Geysire". Um 1850 sprang er in Abständen von einer bis zu

Der Große Geysir auf Island springt nur noch selten und auch dann nur, wenn er kräftig mit Seife geschmiert wird. Der Wasserspiegel des Quellsees muß überdies ein Stück weit abgesenkt werden.

Der Strokkur wölbt sich auf.

Dampfblasen durchschlagen die Wasserkuppel.

Der Geysir springt.

30 Stunden einmal. Um 1860 betrugen die Intervalle 80 bis 100 Stunden, 1872 nur sechs Stunden, 1896 schwankten sie zwischen einer und 12 Stunden. Um die Jahrhundertwende ließ er sich oft mehrere Wochen Zeit. Im Jahr 1915 schlief er dann ganz ein, bis er 1935 von einem Erdbeben wieder für ein paar Jahre aufgeschreckt wurde. Wahrscheinlich begannen die rhythmischen Heißwasserausbrüche überhaupt erst nach einem Erdbeben im Jahr 1294. Damals erreichte die Fontäne eine Höhe von bis zu 60 Metern.

Zur Zeit ist er völlig ruhig. Nur wenn das Wetter umschlägt, sich der Wasserspiegel senkt und dann noch 70 Kilogramm Seife in den Schacht geworfen werden, kann es sein, daß er sich brüllend aus der Tiefe erhebt und bis zu 50 Meter hoch springt. Die isländischen Naturschutzbehörden sind allerdings von den Seifenspielchen nicht erbaut, denn die Lauge beeinträchtigt die Pflanzen- und Tierwelt ringsum und im heißen Wasser selbst. Die Bestrebungen, das Geysirfeld in einem einigermaßen natürlichen Zustand zu erhalten, werden ohnehin durch die zunehmende Zahl von Besuchern erschwert. Nicht umsonst hat man das Gebiet mit einem Zaun umgeben, in dessen Schutz sogar wieder ursprünglicher Birkenwald gedeiht.

Das Quellbecken des Großen Geysirs liegt auf einer flachen Kuppe, die aus einem grauweißen, blättrigen Gestein aufgebaut ist. Darin finden sich Reste von Birkenblättern und Holzstücken, gelegentlich auch ein Grashalm – interessante Belege für die Pflanzenwelt der Nacheiszeit. Auf der Nordseite der Geysirkuppe, wo sie ein kleiner Bach angefressen hat, entdeckt man etwa 30 Zentimeter unter der Oberfläche eine 25 Zentimeter dicke gelbe Schicht, die der isländische Vulkanologe Sigurdur Thorarinsson untersuchte. Er wies nach, daß es sich um vulkanische Asche von einem gewaltigen Ausbruch des berühmtesten aller isländischen Feuerberge handelt, des bis heute aktiven Hekla.

Die Asche ist 2500 Jahre alt. Die ganze Geysirkuppe wurde innerhalb von etwa 10 000 Jahren aufgebaut, aus Ablagerungen des überlaufenden heißen Wassers. So wie kalkreiches Leitungswasser einen großen Teil seines Kalkgehaltes im Kochtopf absetzt und ihn mit Kesselstein auskleidet, hat das Wasser des Geysirs, die in der Tiefe aufgelöste Kieselsäure an der Erdoberfläche rund um seinen Quellschacht abgesetzt. Kieselsinter oder auch Geysirit nennt man dieses geschichtete Gestein.

EXPERIMENT. Im Jahr 1849 besuchte der deutsche Physiker Robert Bunsen den Großen Geysir. Als Ergebnis seiner Vermessung kam er zu folgenden Werten: Der Durchmesser des Geysirbekkens beträgt 14 Meter, der des zentralen Schachts drei Meter, seine Tiefe 22 Meter. Kurz vor einem Ausbruch beträgt die Wassertemperatur in zwei Meter Tiefe 85 Grad Celsius, in 7,25 Meter Tiefe 106,4 Grad Celsius und in 22 Meter Tiefe 127,5 Grad Celsius. Unter dem Druck der Wassersäule wird im Geysir der unter Normaldruck geltende Siedepunkt von 100 Grad Celsius weit überschritten.

Für Bunsen war diese Feststellung der Ansatz zu seiner Erklärung der Geysirtätigkeit: Vulkanische Wärme heizt das Wasser auf. Dabei wird unter dem Druck der Wassersäule der normale Siedepunkt überschritten. Sobald sich Dampfblasen bilden, wird Wasser aus der Röhre verdrängt. Das überhitzte Wasser tief im Schacht verdampft infolge der Druckentlastung: Der Geysir springt. Zufließendes Grundwasser füllt den Schacht erneut. Das Spiel beginnt von vorne.

In der Natur führen Erschütterungen des Untergrunds durch Erdbeben häufig zu einem spontanen, heftigen Ausbruch als Folge verstärkter Blasenbildung in der Tiefe. Selbst ein Wetterumschlag vom Hoch- zum Tiefdruck kann dies bewirken. Auch die Zugabe von Seife, Sand und Steinen verstärkt die Blasenbildung.

Der Große Geysir hat sich wohl im Verlauf seiner Entwicklung selbst „abgeschaltet“. Durch den Aufbau des Sinterhügels rund um das Geysirbecken wurde auch die Wassersäule im Schacht höher, und damit der Druck auf den Siedekessel in der Tiefe so groß, daß sich keine Blasen mehr bilden konnten. Vielleicht hat auch die Ablagerung von Geysirit den Schacht verengt. Den Strokkur hat man durch eine Bohrung wieder zum Springen gebracht.

KONKURRENZ IN USA. Das größte Geysirfeld der Erde liegt im Schutz des Yellowstone Nationalparks. Auf rund 4000 Quadratkilometer gibt es um die 3000 heiße Quellen und 250 Geysire, dort „geysers“ genannt. Dazu kommen kochende Schlammtümpel und wild tobende Kessel, in denen eine schlammige, pechschwarze Brühe wallt und brodelt. Gelegentlich sprengen auch Dampfexplosionen große Trichter aus und verwandeln ein Waldstück in ein Trümmerfeld.

Eine Dampfexplosion sprengte diesen Krater aus.

Der Schlamm kann noch jahrelang blubbern.

Längst hat jeder Geysir einen Namen. Manche Quelle erzählt auch eine Geschichte, wie zum Beispiel die „Chinamen Spring“: Dort wollte ein cleverer Chinese das herrlich heiße Wasser für seinen Waschsalon nutzen. Doch als er Seife in den Quellschacht schüttete, weckte er den schlafenden Geysir, und seine Wäsche flog ihm um die Ohren.

Zu den eindrucksvollsten und schönsten Geysiren des Parks gehört zweifellos die „Great Fountain“. Ihr zentrales Quellbecken ist von terrassenförmig abgestuften, perlweißen Sinterbecken umgeben. Zwar läßt sie ihre Bewunderer stundenlang warten, aber dann steigt das heiße Wasser in rhythmischen Schüben breit gefächert immer und immer wieder auf; dabei rauschen dampfende Wasserfälle von Becken zu Becken.

Schnitt durch einen Geysir

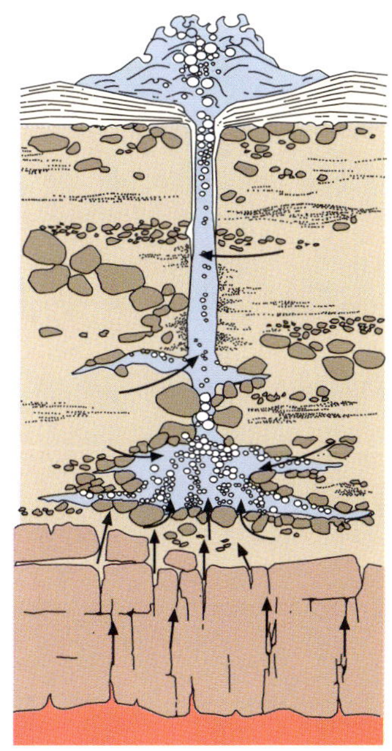

Die „Great Fountain“ im Yellowstone Park kurz vor der Eruption.

Der „Morning Glory Pool“ ist einer der schönsten heißen Quellseen im Park.

Der Old Faithful ist gewiß der berühmteste aller Geysire im Yellowstone Park. Millionen haben ihn bestaunt, fotografiert und gefilmt.

OLD FAITHFUL. Alle 65,5 Minuten springt „Old Faithful", der treueste aller Geysire – so steht es zumindest im Prospekt. Wer einen Ausbruch erleben will, sucht sich sicherheitshalber eine halbe Stunde früher einen Parkplatz in der Nähe. Fünf Minuten vor der Eruption sind alle Plätze besetzt. Eine Minute vorher werden die Kameras in Anschlag gebracht. Dann läßt der „Alte Getreue" warten. Denn so pünktlich, wie es sein Ruf erwarten läßt, ist er nun auch wieder nicht. Fünf Minuten überzieht der Showmaster hin und wieder, manchmal springt er auch ein paar Minuten früher. Die Daten sind Durchschnittswerte.

Gemessen wird am Old Faithful seit der Ausstellung der denkwürdigen Urkunde, die das insgesamt 9000 Quadratkilometer große Gebiet am 11. März 1872 zum ersten Nationalpark der USA und damit der Welt erhob. In 100 Jahren brachte es der „Treueste der Treuen" auf rund 868 760 Ausbrüche. Treue meint hier Unermüdlichkeit, ansonsten liebt auch Old Faithful die Variation. Zwischen zwei Ausbrüchen können nur 35, aber auch 95 Minuten vergehen. Die Höhe der Fontäne kann nur 35, aber auch 52 Meter erreichen. Dabei schwankt die ausgestoßene Wassermenge beträchtlich.

Es wäre höchst wundersam, wenn ein Geysir im Arbeitstakt einer Maschine arbeiten würde. Zu viele Faktoren beeinflussen seine Tätigkeit: Da spielen der Wärmefluß im Untergrund, die Menge des vorhandenen Wassers, die Menge und die Temperatur des zufließenden Wassers eine große Rolle. Nimmt der Wärmezufluß ab, werden die Abstände von Ausbruch zu Ausbruch größer. Der Zufluß von sehr kaltem Wasser wirkt sich ebenfalls verzögernd aus.

Am heißen Ende der Welt

OHINEMUTU. Im 14. Jahrhundert kamen polynesische Seefahrer, darunter auch Angehörige des Arawa-Stammes, von den Cook-Inseln und von Tahiti nach Neuseeland. Der Sage nach landeten fünf große Kanus in der heutigen Bay of Plenty. Die Leute vom Stamm der Arawa zogen ins zentrale Hochland. Dort trafen die Bewohner tropischer Inseln auf eine neue, fremde Welt: schneebedeckte Feuerberge, fischreiche Seen und geheimnisvolle Bäche mit klarem, heißem Wasser, die von geisterhaft dampfenden Quellen gespeist wurden.

Ohinemutu hieß die erste Maorisiedlung in der Nähe der heißen Quellen am Südufer des Rotoruasees. Heute liegt dort das im 19. Jahrhundert gegründete Rotorua, die Stadt der weißen Siedler. Am Südrand der Stadt, am Ufer des warmen Puarengaflusses, stehen die Häuser des Maoridorfes Whakarewarewa.

Eine Brücke führt über den Fluß und zwischen den Häusern hindurch. Aus dem Boden steigen Dampfschwaden. Rote Dämonen mit gebleckten Zähnen, weit aufgerissenen Augen und tätowierten Gesichtern hocken auf hölzernen Pfeilern am Weg. So blickten einst die tapferen Krieger aus dem „Dorf des Kriegstanzes", nichts anderes heißt Whakarewarewa. Mit schrillen Schreien, wildem Tanz und furchterregenden Grimassen schreckten sie den Feind ab. Die hölzernen Dämonen vertreiben bis heute die bösen Geister.

Ein fader Geruch nach fauligen Eiern liegt über dem Dorf: Schwefelwasserstoff aus den heißen Quellen. Autoputzen ist hier sinnlos, zu rasch sind die Chromteile wieder mit einer stumpfen Sulfidschicht überzogen. Selbst Goldschmuck läuft an. Auf dem weißen Kieselsinter, den die heißen Quellen ablagern, bildet reiner Schwefel gelbe Muster.

Eine Stunde lang heulen die Geysire. In Sturzbächen rauschen die Fontänen herab. Zwei, drei Geysire, nur wenige Meter voneinander getrennt, sprühen, jeder im eigenen Rhythmus, und jagen sich im großartigen Wasserspiel. Über einen mächtigen Sinterblock rinnt die heiße Flut in den dampfenden Puarengafluß.

Hölzerne Dämonen bewachen die Häuser von Whakarewarewa.

White Island ist ein aktiver, 300 Meter hoher Vulkan. Er setzt die Vulkanreihe der Nordinsel Neuseelands ins Meer hinaus fort. Ein Ausbruch im Jahre 1914 sprengte die Ostflanke des Bergs weg. Seither gibt es auch keinen Kratersee mehr auf der Insel.

„White Lady“ wird dieser Geysir mit seinem schneeweißen Geysiritkegel genannt.

Sintertreppchen und kleine Sinterinseln bilden sich, sobald sich das Wasser abkühlt.

DAS „TOR ZUR HÖLLE“, Tikitere, liegt am Ostufer des Rotoruasees. Tikitere, das sind dampfende Seen, brausende Quelltöpfe und heißer Sand, der über einem Dampfloch tanzt. Tikitere ist auch ein stählerner Kochtrog, durch den der heiße Dampf strömt. Immer noch schätzen die Maoris sanft gedämpftes Fleisch über alles.

Aber nicht jeder Besucher findet „die Hölle“ schön. George Bernard Shaw, der das Vulkanhochland 1934 besuchte, meinte: „Tikitere, I think, is the most damnable place I have ever visited and I would willingly have paid ten pounds, not to see it.“ Alles andere als ein Kompliment: „Tikitere“, sagte er, „ist der verdammenswerteste Platz, den ich jemals gesehen habe. Gerne hätte ich zehn Pfund bezahlt, um ihn nicht sehen zu müssen.“ Ausgerechnet ein Schotte sagt das.

ROTOMAHANA. Weiter im Süden liegt das Vulkangebiet des Tarawera. An den Ausläufern dieses 1200 Meter hohen Vulkanbergs, am Ufer des Sees Rotomahana, lagen einst die schönsten Sinterterrassen der Welt. Ferdinand von Hochstetter, der deutsche Geologe in österreichischen Diensten, beschreibt sie in seiner Geologie Neuseelands:

„Dieser gewaltige, kochende Sprudel mit seinen weit in den See hineinreichenden Sinterterrassen ist das wunderbarste unter den Wundern des Rotomahana. Etwa 80 Fuß hoch über dem See an einem farnbewachsenen Hügelhang, von welchem an zahlreichen, durch Eisenoxyd geröteten Stellen Wasserdämpfe entweichen, liegt in einem kraterförmigen, nach der Seeseite gegen Westen offenen Kessel mit steilen 30 bis 40 Fuß hohen, rot zersetzten, tonigen Wänden das große Hauptbassin des Sprudels. Es ist 80 Fuß lang und 60 Fuß breit und bis an den Rand gefüllt mit vollkommen klarem Wasser, das in den schneeweiß übersinterten Becken wunderschön blau erscheint, türkisblau, oder wie das Blau mancher Edelopale.

Das Wasser besitzt in hohem Maße die Eigenschaft zu versteinern, oder richtiger gesagt, zu übersintern und zu inkrustieren: Der Absatz ist, wie bei den isländischen Quellen, Kieselsinter. Der Abfluß des Sprudels hat daraus am Abhang des Hügels ein System von Terrassen gebildet, die weiß, wie aus Marmor gehauen, einen Anblick gewähren, den keine Beschreibung wiederzugeben vermag. Es ist, als ob ein über Stufen stürzender Wasserfall plötzlich in Stein verwandelt worden wäre.“

Über sieben Kilometer lang ist die Kraterspalte des Tarawera. Eine Explosion zerriß den schlafenden Vulkan am frühen Morgen des 10. Juni 1886.

Der 2786 Meter hohe Ngauruhoe ist einer der schönsten Schichtvulkane. Er hat nur einen Krater.

Die Vulkanzone der Nordinsel deckt eine Fläche von 8500 Quadratkilometern.

DER AUSBRUCH DES TARAWERA am 10. Juni 1886 machte dieser Pracht ein Ende. Schwere Erdbeben erschütterten das Gebiet. In einer gewaltigen Eruption riß der Rücken des 1200 Meter hohen Vulkans mit einer zehn Kilometer langen Spalte auf und spie Feuer und Asche. Der Rotomahanasee verwandelte sich in ein Inferno aus explodierendem Dampf und Schlamm.

Um 1900 erhob sich Waimangu, das „Schwarze Wasser", der größte Geysir, der je auf der Erde beobachtet wurde. Jede Eruption dieses Riesengeysirs schleuderte kochendes Wasser, Schlamm und Steine 300 bis 400 Meter hoch. Stundenlang stand eine schlammbeladene schwarze Fontäne über dem Tal, bis sie schließlich in sich zusammenbrach. Vier Jahre lang alle 30 Stunden, dann war alles vorbei.

GEBÄNDIGTE ERDWÄRME. In Neuseeland spannt man das vulkanische Dampfroß erfolgreich vor den Karren der Energiewirtschaft. Manchmal allerdings zahlt man Lehrgeld: Nahe dem See Taipo stand lange eine hohe Dampfwolke über „Bore 204", dem Bohrloch Nummer 204. Eine Bohrung von vielen, die man im Gebiet von Wairakei niederbrachte, um ein Dampflager anzuzapfen. Bei „Bore 204" ging der Bändigungsversuch schief. Das Loch explodierte! Ein 70 Meter breiter und 20 Meter tiefer Krater blieb. Seit 1952 treibt man in Neuseeland stählerne Röhren 200 bis 1400 Meter tief in den vulkanischen Untergrund. Über 200 Grad heiß ist dort der Dampf. Durch viele Schlitze dringt er in die Stahlrohre ein und drängt, zusammen mit heißem Wasser, nach oben. Der überhitzte Dampf wird vom heißen Wasser getrennt und zu den Turbinen im 200-Megawatt-Kraftwerk am Waikalofluß geleitet. Das heiße Wasser, das aus den Bohrlöchern quillt, verwandelt sich bei der schlagartigen Druckentlastung unter höllischem Lärm in Dampf. Geräuschdämpfer um jedes Ventil verringern zwar den Krach, aber die „umweltfreundlichen" Geokraftwerke machen nicht nur Lärm, sondern sie entlassen heißes, keineswegs schwermetallfreies Wasser in die Flüsse. Auch dessen Säuregrad und der Gehalt an Schwefelwasserstoff schaffen Probleme. Dennoch spielen Geokraftwerke für die Energieversorgung eine wachsende Rolle, in Italien, in den USA, in Chile, in Japan, auf der Halbinsel Kamchatka und vor allem in Island. Es gilt nur zu beachten, daß keineswegs alles, was natürlich ist, deshalb auch schon gut und gesund sein muß.

In der Türkei wurde heißer Dampf im Tal des Mäander erbohrt.

In Neuseeland hat sich das Tal von Wairakei in eine Techniklandschaft verwandelt. Mehr als 100 Bohrungen erschließen das über 200 Grad heiße Wasser-Dampfgemisch.

In Island steht ein neues, leistungsfähiges Kraftwerk auf der Halbinsel Reykjanes. Überschüssiges Thermalwasser fließt in die „blaue Lagune". Fein verteilte Kieselsäure färbt das Wasser bläulich; es gilt auch als heilkräftig bei Hauterkrankungen.

Pamukkale, das Tropfsteinschloß

SIEBEN WELTWUNDER kannte man im Altertum. Die ägyptischen Pyramiden, die Hängenden Gärten der Semiramis von Babylon, den Tempel der Artemis von Ephesus, das Kultbild des Zeus von Phidias, das Mausoleum in Halikarnassos, den Koloß von Rhodos und den Leuchtturm auf der Insel Pharos bei Alexandria.

Ganz so einfach ist es mit den Naturwundern nicht; es gibt so viele davon, und sie sind so unterschiedlich. Soll man den Eispanzer der Antarktis dazu rechnen oder nur ausgeprägte Einzelgestalten, den Aletschgletscher in der Schweiz und den Jakobsgletscher in Grönland? Soll man Seen dazu zählen wie den Baikalsee in Sibirien, den tiefsten der Welt, den Tanganjikasee in Afrika mit seiner einzigartigen Tierwelt, den Titicacasee hoch in den Anden, den Crater Lake in Oregon oder die Müritz in Mecklenburg? Ganze Gebirge wären rasch auf der Vorschlagsliste: die grandiose Kette des Himalaya, die vulkanbesetzten Anden und warum nicht auch die Alpen? Flüsse und Ströme wären zu nennen: Nil und Rhein, Amazonas und Donau, Brahmaputra und Elbe. Turmlandschaften wie die des Brice Canyon und die Pyramiden von Göreme. Täler, so riesig wie der Canyon des Colorado und Schluchten, so drohend wie die Via Mala oder der Durchbruch des Jangtse. Natürlich auch Vulkane wie der riesige Mauna Loa und der immer aktive Stromboli, Geysire auf Island, in Amerika und Neuseeland, zauberhafte Tropfsteinhöhlen wie die Krischna Jama in Slowenien und die Lecheguillahöhle in New Mexico. Die strahlendweißen Sinterterrassen von Pamukkale in der Türkei gehören gewiß dazu.

KALK AUS DER TIEFE. Besonders heiß sind die Quellen von Pamukkale nicht: 35 bis 38 Grad, Badetemperatur. Säuerlich schmeckt das warme Wasser, und ausgesprochen kalkreich ist es. Alle gelösten Stoffe – Natrium, Kalium, Calcium und Magnesium, auch ein wenig Eisen und Aluminium, Chlorid, Sulfat und Karbonat – ergeben zusammen 2322 Milligramm pro Liter. Das sind bei den vier Quellen, aus denen 250 Liter Mineralwasser pro Sekunde sprudeln, immerhin fünf Tonnen gelöste Stoffe pro Tag. Auf dem Weg ins Tal bleibt ein Teil dieser Mineralstoffe liegen, vor allem der im tieferen Untergrund aufgenommene Kalk.

Die weiße Tropfsteinwelt von Pamukkale ist eines der großen Wunder unserer Erde.

Der Regen, der in den Bergen fällt, sickert durch die feinen Klüfte des Gesteins einige 100 Meter tief. Dort unten wird das Wasser durch einen noch tiefer liegenden vulkanischen Herd aufgeheizt. Außerdem nimmt es vulkanisches Kohlendioxid auf. Nachdenkliche Leser werden stutzen, zeigt doch unsere Alltagserfahrung, daß sich Gase in warmem Wasser viel schlechter lösen als in kaltem. Das ist bei jedem Glas Sprudel zu sehen, das längere Zeit steht. Doch in 300 bis 400 Meter Tiefe herrscht ein Druck von 30 bis 40 Atmosphären. Er reicht aus, um trotz der Wärme viel Kohlendioxid selbst im warmen Wasser unterzubringen. Nun ist aber Kohlendioxid ein besonderes Gas, das sich im Wasser nicht nur löst wie Sauerstoff oder Stickstoff, sondern mit ihm eine schwache Säure, die Kohlensäure, bildet. Diese Kohlensäure löst den Kalk.

Mit 38 Grad quillt das kalkbeladene Thermalwasser aus einer Quellspalte, die wir in einem Tauchgang 30 Meter in den Berg hinein und auf eine Tiefe von

Kalkhaltiges Thermalwasser rieselt über die Sinterterrassen und läßt sie wachsen.

Die Bänderung des Sinters entspricht den Jahresrhythmen seines Wachstums.

fünf Metern verfolgen konnten. Zahllose CO_2-Bläschen eilen dem aufquellenden Wasser voraus und platzen an der Oberfläche mit feinem Knistern. Jeder Zweig, der ins Wasser hängt, jedes Blatt, die dorischen Säulen, die im Quellsee liegen, und die Haut der Badegäste überziehen sich mit einem schimmernden Perlenkleid aus winzigen Gasbläschen.
An der Wasseroberfläche ändert sich manches. Je mehr Kohlendioxid entweicht, um so mehr Säure geht verloren und um so weniger Kalk vermag das Wasser zu halten. Kaum ist es 20 bis 30 Meter weit geflossen, beginnt sich ein großer Teil des gelösten Kalks auszuscheiden und als Sinter abzulagern. Die Menge des Sinterkalks ist beträchtlich; im Verlauf eines Jahres dürften es 2000 Kubikmeter sein.

DIE KALKTERRASSE von Pamukkale ist ungefähr 2500 Meter lang und durchschnittlich 500 Meter breit. Bei einer mittleren Höhe von 150 Metern ergibt das einen Rauminhalt von rund 200 Millionen Kubikmeter. Teilt man diese Zahl durch die Menge des jährlich abgelagerten Kalks, so kommt man zu einem Näherungswert von 100 000 Jahren für das Alter von Pamukkale.
Überlegungen dieser Art haben natürlich ihre Schwächen, sie liefern allenfalls erste Anhaltspunkte. Es ist im übrigen nicht einfach, zu präziseren Werten zu kommen, nicht zuletzt weil sich die Schüttung der Quelle im Laufe der Jahrtausende immer wieder änderte, auch als Folge der zahlreichen Erdbeben.
Ganz sicher haben sich auch die Klimaschwankungen der vergangenen Jahrtausende auf die Kalkablagerung ausgewirkt. Es gab Zeiten, in denen es wärmer und trockener war als heute. Wahrscheinlich floß damals weniger Wasser aus den Quellen, es verdunstete jedoch mehr, und es wurde mehr Sinter gebildet. Dazwischen gab es kühlere und feuchtere Zeitabschnitte, in denen weniger Kalk abgelagert wurde.

KALENDER AUS SINTER. An Bruchstellen ist eine auffällige Bänderung des Sinters zu erkennen. Sie spiegelt einen Wachstumsrhythmus wider, wie wir ihn von den Jahresringen der Bäume kennen. Im Winter, wenn sich das warme Quellwasser rasch abkühlt und deshalb weniger Kohlendioxid entweicht und weniger Wasser verdunstet, wird weniger Kalk abgelagert als im heißen Sommer. Dafür ist der Sommerkalk etwas lockerer als der Winterkalk. Die Sinterbänder könnten also einen Kalender liefern. Nur ist auch dies nicht ganz so einfach, wie es aussieht, denn die Bäche, die von den warmen Quellen kommen, überfluten nicht immer die ganze Hochfläche. Deshalb fehlen viele Blätter im Kalender und zwar an jeder Stelle andere.
Also greift man für die Altersbestimmung zur bewährten Radiokarbonmethode. Im Sinter finden sich häufig genug Pflanzenreste. Deren Alter ließe sich anhand der Zerfallsrate des radioaktiven ^{14}C bestimmen, wenn nicht auch im Kalk von Pamukkale viel vulkanisches ^{12}C vorkäme. Dieser Kohlenstoff ist nicht radioaktiv und verfälscht die Datierung. So einfach ist das mit der Altersbestimmung. Man darf froh sein, wenigstens eine Überschlagsrechnung zu haben.

DER WARME QUELLSEE dampft, wenn der kühle Bergwind in der Morgenfrühe übers Wasser streicht. Kalkauflösung und Kalkausscheidung, Tiefbohrung und Altersbestimmung – ein bißchen viel auf nüchternen Magen. Zum Glück kommt der Kellner aus dem kleinen Motel, das an den Quellsee gebaut wurde, auf die Terrasse neben dem Badeplatz und serviert ein türkisches Frühstück: Fladenbrot, kühlen Joghurt und heißen, süßen Tee.
Einer wird ganz still am Tisch und starrt in die Quelle. Dabei gibt es dort nichts Neues zu sehen. Oder vielleicht doch? Die Trommel der dorischen Säule liegt seit 2000 Jahren dort. Ein Rätsel. Die Säule besteht aus Kalkstein und müßte sich längst aufgelöst haben oder wenigstens Lösungsspuren zeigen. Oder aber sie müßte von Sinterkalk überkrustet sein. Entweder, oder! Wirklich? Im Falle der Säule liegt die Wahrheit in der Mitte: Im Quellsee selbst halten sich die physikalisch-chemischen Kräfte von Lösung und Ablagerung die Waage. Im Quelltopf überwiegt die Auflösung ein wenig, sonst hätte sich die Quellspalte schon lange selbst verstopft.

MENSCH UND TIER. Wie lange Menschen schon die warmen und heilkräftigen Quellen von Pamukkale aufsuchen, weiß niemand. Die ältesten Spuren weisen auf das 2. Jahrhundert vor Christus hin. Damals bedeckten noch dichte Wälder die Hänge der Berge ringsum. Löwen, Bären, Wölfe und Schakale lebten dort, auch Hirsche, Rehe und Bergschafe; ihre Reste fand man im Sinterkalk. Man kann sich gut denken, daß auch die eiszeitlichen Jäger vom warmen Quellbezirk angezogen wurden. Dort gab es sicher keinen dichten Wald, und es war nicht schwierig, den Tieren an der Tränke aufzulauern.
An den überrieselten Kalkterrassen wachsen bis heute nur wenige Pflanzen, ein paar Gräser, Wolfsmilchstauden, Weiden- und Oleanderbüsche. Nur an den günstigsten Plätzen werden sie überhaupt mit den lebensfeindlichen Bedingungen dieser Tropfsteinwelt fertig. Ihre Wurzeln halten die hohe Temperatur und den Kalkgehalt des Wassers aus. Rasch genug bilden sich ihre Stengel und Blätter neu, wenn die alten vom Kalk überkrustet sind.

DIE HEILIGE STADT. Erstaunlich lange hat es gedauert, bis Menschen die Sinterterrasse ständig besiedelten. Erst im 6. Jahrhundert vor Christus gab es für kurze Zeit eine lydische Militärkolonie. Nach dem Siegeszug Alexanders des Großen gründete König Eumenes II. von Pergamon um 190 vor Christus auf dem Plateau über der sumpfigen Talniederung Hierapolis, die „heilige Stadt". Offenbar hatten die Menschen jener Zeit das Gefühl, in dieser zauberhaften Landschaft den Göttern besonders nahe zu sein. An den warmen Quellen entstanden Tempel. Schon bald wuchs Hierapolis weit über den Tempelbezirk hinaus. Handwerker und Kaufleute siedelten sich an. Nach der Eingliederung der Region in das Römische Reich entwickelte sich Hierapolis zu einer blühenden Siedlung und wurde bald eine der reichsten Städte Kleinasiens.
Ein verheerendes Erdbeben legte im Jahr 60 nach Christus – Nero war zu dieser Zeit Kaiser in Rom – Hierapolis in Trümmer. Doch unmittelbar nach der

Zur Zeit der alten Griechen lag die Stadt Hierapolis auf der Hochfläche der Terrasse. Teile der „Heiligen Stadt" wurden inzwischen ausgegraben.

Zwischen den Trümmern eines griechischen Tempels bereitet unser Kameramann im Quellteich einen Tauchgang vor.

Die Sarkophage aus römischer Zeit stehen tief im Sinter.

Die Tropfsteine am Rande der Sinterbecken sind nicht gleichmäßig gewachsen, sondern in Schüben. Mindestens eine einschneidende Unterbrechung ist erkennbar.

Zerstörung begann der Wiederaufbau, und bald bedeckte eine noch größere, noch prächtigere Tempel-, Bäder- und Handelsstadt die Sinterhochfläche. Breite Straßen durchzogen sie, gesäumt von gedeckten Bogengängen. Warmwasserkanäle führten zu den Häusern. Im Zentrum entstanden die gewaltigen Hallen der großen Therme, des öffentlichen Bades. Apollo und seine Mutter Leto wurden an den heiligen Quellen verehrt.

In einer Höhle – nach dem römischen Gott Pluto, dem Herrn der Unterwelt, Plutonium genannt – wurde den staunenden Pilgern gezeigt, wie die Opfertiere am Boden der Grotte verendeten, während die Priester von den tödlichen Kräften unbehelligt blieben. Ein ähnliches Schauspiel wurde lange Zeit auch in der Hundsgrotte bei Neapel vorgeführt. Hier wie dort erstickten Tiere in einem See von schwerem Kohlendioxid. Die Menschen ragten über die Todeszone hinaus.

Vom goldenen Zeitalter der Stadt Hierapolis zeugen bis heute gewaltige Ruinen und eine reiche Totenstadt im Norden des Plateaus. Die byzantinischen Kirchen wurden später erbaut. Auch sie zerfielen mit dem Niedergang des Oströmischen Reiches. Schließlich vertrieben im 14. Jahrhundert die siegreichen, mohammedanischen Seldschuken die letzten Byzantiner. Von der alten Herrlichkeit blieb nur ein großes Trümmerfeld. Die Seldschuken und nach ihnen die Türken kümmerten sich wenig um die zerfallende Stadt. Der Name „Hierapolis" geriet in Vergessenheit. Die neue Bezeichnung „Pamukkale" trat an seine Stelle. Pamuk heißt soviel wie „Watte", Kale soviel wie „Schloß" – Pamukkale bedeutet also „Watteschloß". Kein schlechter Name für die leichte, weiße, wolkige Welt mit ihren Türmen und Zinnen hoch über der Niederung.

TROPFSTEIN UNTER BLAUEM HIMMEL. In all den Jahren baute das Wasser von Pamukkale an den Terrassen weiter. Die Ruinen der Griechen, der Römer und der Byzantiner stecken inzwischen einen halben Meter tief im Kalk. Unvermindert bilden sich kleine und große Sinterbecken, wo immer man dem Wasser seinen Lauf läßt. Sie sind die schönsten der Welt. Ungefähr 20 000 mögen es sein. Die größten Sinterbecken liegen an den steilen Hängen. Einige sind mehr als fünf Meter hoch, ihre Wasserbecken sind dennoch nur badewannentief,

Am Steilhang liegen wenige, dafür besonders große Sinterbecken.

Wenn das Wasser viel Kalk mit sich führt, können sich Sinterterrassen und Tropfsteine bilden, auch in den Höhlen der Schwäbischen Alb.

weil auch im Becken selbst Kalk ausgeschieden wird. Lange Lamellen gliedern den Beckenrand. Tropfsteinsäulen scheinen ihn zu stützen.
Auch durch die Sarkophage, um die Mauern und Säulen rinnt das warme, kalkbeladene Wasser. Wie ein Schutzpanzer überzieht der Kalk die Schätze der Vergangenheit und bewahrt sie vor dem Zugriff Unberufener. Erst in den letzten Jahrzehnten begann man mit der Ausgrabung von Hierapolis. Eine alte Straße ist freigelegt. Ein paar Säulen und die Gewölbe der alten Bäder sind wieder aufgerichtet.

DIE TOURISTEN KOMMEN. Längst wurde Pamukkale, das einige Kilometer nordöstlich von Denizli liegt, von Touristen entdeckt. Man hat sich auf den Strom der Menschen und ihr Geld eingestellt. Pamukkale leidet unter dem Rummel. Jetzt gilt es zurückzustecken, soll dieser herrliche Platz nicht seinen Glanz verlieren. Nur wenn es gelingt, die zauberhafte Landschaft zu erhalten, wird das unvergleichliche Naturwunder einer der großen Anziehungspunkte in der Türkei bleiben. Doch selbst wenn alles zusammenbricht, ist auf die warmen Quellen Verlaß. Sie brauchen nur ein bißchen Zeit, um mit ihrem Kalk unnütze Straßen, Bäder und Hotelterrassen zu überziehen, um Coladosen und Orangenschalen, Plastik und Papier gnädig mit einer dicken, weißen Kruste zu bedecken.

DES LANDES GUTE STUBE liegt nicht in Pamukkale, sondern im Neuen Schloß in Stuttgart. Mit allen Marmorarten, die sein Land zu bieten hatte, ließ König Friedrich I. von Württemberg den Marmorsaal im Mitteltrakt seines Schlosses schmücken. Zwei Arten von Sinter sind unter den Schmucksteinen: bräunlich-weiß gebänderter Tropfsteinkalk in dünne Platten geschnitten, und rostrot-weiß gestreifter Thermalsinterkalk von Böttingen. Dort auf der Alb entstand dieser „Marmor" im heißen, kalkreichen Wasser am Rande eines tertiären Vulkanschlots. Dieses Vorkommen war bei weitem nicht so groß wie das von Pamukkale, aber wärmer war das Thermalwasser auf der Alb allemal, sonst wäre das Eisenoxid nicht so rot.
Das im Zweiten Weltkrieg zerstörte Schloß wurde wieder aufgebaut, und sein Marmorsaal erstrahlt im alten Glanz. Sinterkalk schmückt die gute Stube des Landes.

BILDQUELLENVERZEICHNIS

Vorsatz: Pictor International, München; 4: Silvestris Fotoservice (AFIP), Kastl; 11, 13 (Mitte): S. Hülsen, Stuttgart; 15 (2): dpa, Frankfurt/M.; 16: Silvestris Fotoservice (F. Lane), Kastl; 46 (l. o.): Istituto Geografico di Firenze; 47: R. Schick, Stuttgart; 52/53: ZEFA (Darodents), Düsseldorf; 55: National Geophysical Data Center, Boulder/USA; 57 (2): Explorer (M. Krafft), Vanves; 59 (2): National Geophysical Data Center, Boulder/USA; 60: Bavaria Bildagentur (D. Ball), Gauting; 62, 63: National Geophysical Data Center, Boulder/USA; 64: Explorer (M. Krafft), Vanves; 76 (o.): Pictor International, München; 105: Naturhistorisches Museum, Mainz; 107 (l. o.), 113 (r.): Diamant Informationsservice, Frankfurt/M.; 117 (l.): National Geographic, Washington/USA; Umschlagbild: IFA-Bilderteam (F. Schmidt), Taufkirchen
Alle übrigen Aufnahmen:
Isolde und Ernst Waldemar Bauer

Karten/Zeichnungen
9 (nach A. Wegener), 11 (2), 14 (2), 15 (u.), 20, 26 (2), 48 (u.), 60, 69 (l.), 71, 80, 84, 86 (4), 90, 108 (2), 109, 116, 125, 132 (u.): H. Vogl, Karlsruhe (nach Vorlagen von K. Krischke, Esslingen);
10 (u.), 48 (o.): H. Fay (mit freundlicher Genehmigung des Verlages J. F. Schreiber, Deizisau);
24/25, 34, 69 (r.), 71, 105: H. Vogl, Karlsruhe;
65: E. W. Bauer

Dank

Ganz herzlich danke ich allen, die mich, oft über Jahre hinweg, bei der Entwicklung der Themen, wie sie jetzt in Buchform vorliegen, begleitet und meine Arbeit durch ihre Sachkenntnis und tätige Mithilfe gefördert haben, insbesondere Forstdirektor Hans Albrecht, Dipl.-Min. Elke Eisler (Eschenbach), Dr. Iradj Eschgi (Hillesheim), Dr. Herbert Lutz (Mainz), Prof. Dr. Spyridon Marinatos (†) (Athen), Prof. Dr. Helmut Metzner (Tübingen), Dr. Franz-Otto Neuffer (Mainz), Prof. Dr. Alfred Rittmann (†) (Catania), Klaus Schäfer (Darscheid), Prof. Dr. Rolf Schick (Stuttgart).

Der Hessische Rundfunk hat auch dieses Projekt in allen Phasen seiner Entstehung unterstützt. Dafür danke ich der Intendanz, der Programmdirektion Fernsehen und den verantwortlichen Mitarbeitern, insbesondere Karin Kittel und Heiner Schölling und unserem unvergessenen Freund Dr. Hannes Bressler. Auch dem Kameramann Otto Pötsch und dem Tonmann Dieter Skolik sei herzlich gedankt.

Seit vielen Jahren begleitet mich meine Frau Isolde mit Fotoausrüstung und Tonbandgerät. Ich danke ihr nicht nur für viele Bilder in diesem Buch, sondern vor allem auch für ihre durch nichts zu erschütternde Beständigkeit und ihre verständnisvolle Mithilfe. In diesen Dank beziehe ich die ganze Familie mit ein, die sich immer als eingespieltes Team bewährte.

Ich danke Petra Enz-Meyer, die recherchierte und das Projekt in allen Phasen begleitete.

Der Konrad Theiss Verlag hat sich auch für diesen Band engagiert eingesetzt. Seinem Verlagsleiter Hans Schleuning und der Lektorin Bärbel G. Renner gilt mein besonderer Dank, nicht zuletzt den Gestaltern Ellen Böckmann und Neil McBeath.

Ernst Waldemar Bauer

Zur Abbildung im vorderen Buchdeckel:
Ein Lavastrom des Vulkans Puu Oo auf Hawaii ergießt sich über die Steilküste ins Meer.

Zur Abbildung im hinteren Buchdeckel:
Der Wind sortiert die vulkanische Asche und legt weißen Bims und dunkle Basaltschlacke in Streifen.

Zum Umschlagbild:
Über 500 Vulkane liegen über dem Meeresspiegel. Eine weit größere Zahl an Vulkanen ist in der Tiefe des Meeres aktiv.

Lektorat: Bärbel G. Renner

Redaktionelle Mitarbeit: Petra Enz-Meyer
Gestaltung und Herstellung:
Ellen Böckmann & Neil McBeath, Kornwestheim
Umschlaggestaltung unter Verwendung einer Aufnahme von IFA-Bilderteam, Taufkirchen

Satz: Steffen Hahn GmbH, Kornwestheim
Lithographie und Druck:
Grafische Betriebe Süddeutscher Zeitungsdienst, Aalen
Printed in Germany
ISBN 3-8062-1135-3

Ernst Waldemar Bauer/Petra Enz-Meyer

Hinter der blauen Mauer

Bilder von der Schwäbischen Alb
144 Seiten mit 184 farbigen Abbildungen und 10 Zeichnungen. Großformat.

Als „wundersame blaue Mauer" sah Eduard Mörikes Schuster Seppe von der Bempflinger Höhe aus die Schwäbische Alb vor sich liegen. Ein ungewöhnliches Bild – aber vieles an diesem Mittelgebirge ist ungewöhnlich, so ungewöhnlich, daß ihm der bekannte Fernsehpublizist Ernst Waldemar Bauer in seiner Fernsehreihe „Wunder der Erde" eine Sendung widmete.

Seine Streifzüge, die dem Besonderen, dem Merkwürdigen der „blauen Mauer" gelten, hat er in einem faszinierenden Buch festgehalten. Er sucht markante Plätze auf – Höhlen, Felsen, Schluchten – an denen sich die Entstehung der Alb vor 150 Millionen Jahren ablesen läßt, er folgt den Spuren, die der Mensch seit der Eiszeit hinterlassen hat und lenkt den Blick auf die charakteristische Landschaft, die bizarren Felszacken und herben Wacholderheiden, auf die faszinierende Tier- und Pflanzenwelt. Die Fülle der Informationen, die zahlreichen Tips für Ausflüge und die einzigartigen Farbaufnahmen machen dieses Buch zu einem besonderen Erlebnis für alle Freunde der Alb.